高等院校计算机任务驱动教改教材

# Python程序设计及任务实例教程

邓桂骞 编著

清华大学出版社

北京

## 内 容 简 介

本书将理论与实践相结合,由浅入深地介绍了 Python 程序设计的基本知识和方法。本书分为基础篇和实战篇两部分。基础篇(第 1~10 章)主要介绍 Python 开发环境、基本语法与基本数据类型、程序控制结构、字符串与正则表达式、组合数据类型、函数与代码复用、文件操作与异常处理、类与对象、标准库与第三方库等基础知识;实战篇(第 11、12 章)主要介绍 Matplotlib 数据可视化和数据处理与分析等内容;附录 1 提供了全国计算机等级考试二级 Python 语言程序设计考试大纲(2023 年版);附录 2 提供了各章节对应的计算机等级考试试题训练参考答案。为了便于学习和教学,本书配有教学课件、课程标准、源代码、二级真题库等配套资源。

本书适合作为高等院校本科和职业院校计算机、大数据、人工智能等相关专业教材使用,也供自学者及人工智能和数据分析人员参考使用。

本书封面贴有清华大学出版社防伪标签,无标签者不得销售。
版权所有,侵权必究。举报:010-62782989,beiqinquan@tup.tsinghua.edu.cn。

图书在版编目(CIP)数据

Python 程序设计及任务实例教程 / 邓桂骞编著.
北京:清华大学出版社,2024.9. --(高等院校计算机任务驱动教改教材). -- ISBN 978-7-302-67422-1
Ⅰ.TP312.8
中国国家版本馆 CIP 数据核字第 2024X6P577 号

责任编辑:颜廷芳
封面设计:刘 键
责任校对:袁 芳
责任印制:宋 林

出版发行:清华大学出版社
网　　址:https://www.tup.com.cn,https://www.wqxuetang.com
地　　址:北京清华大学学研大厦 A 座　　邮　编:100084
社 总 机:010-83470000　　邮　购:010-62786544
投稿与读者服务:010-62776969,c-service@tup.tsinghua.edu.cn
质量反馈:010-62772015,zhiliang@tup.tsinghua.edu.cn
课件下载:https://www.tup.com.cn,010-83470410

印 装 者:三河市龙大印装有限公司
经　　销:全国新华书店
开　　本:185mm×260mm　　印　张:10.75　　字　数:256 千字
版　　次:2024 年 10 月第 1 版　　印　次:2024 年 10 月第 1 次印刷
定　　价:39.00 元

产品编号:102419-01

# 前　言

本书按照知识和章节要点，分类汇编了近年来与计算机二级考试相关的试题。通过试题训练，让学生更熟练地掌握相关知识要点，再结合实战任务训练，可大大提高全国计算机等级考试的通过率。本书中 * 部分为非计算机等级考试考点，但是在人工智能、大数据分析等前沿热点领域中应用广泛。

本书详细讲解了 3 种最常用集成开发环境（IDLE、Jupyter、PyCharm）的安装及使用方法。通过对本书的学习，读者能掌握不同集成开发环境的特点，从而有针对性地选择编程环境工具，为熟练开发 Python 程序奠定坚实的基础。

本书中同一个任务或问题，一般有两种及以上经典代码或解决方法，编著者通过多年教学实践，收集了比较经典的解决问题的代码，编著本书，使本书内容更贴近学生思维，开阔学生视野，培养学生熟练、巧妙地运用 Python 解决实际问题的能力。这是编著者独创，也是编著者多年一线教学经验和心得的体现。

本书知识要点及实例运行代码全部采用当前 Python 主流编程环境 Jupyter 编写及运行，并附源代码资源包。此外，实战篇还提供了 Python 在数据分析与可视化等方面的应用项目实战案例，可激发和培养读者对探索数据分析、人工智能等热点问题的兴趣。

本书通过对多年一线教学知识要点的分析与总结，结合人工智能、大数据分析等课程应用需求，提炼本书知识内容要点、实例资源代码分析、实战任务训练、试题训练等，使学生掌握相关知识要点，提高利用 Python 编写程序解决实际问题的能力和技能。

本书的出版得到了教育部产学合作协同育人教学内容与课程体系改革项目（项目编号：202101142059）的资助。同时感谢王元华等领导的支持和关怀，感谢王波、叶俊、贺雪莉、罗平娟等老师的审阅，感谢尚健和熊勋荣两位同学的付出，他们负责课件制作和集成开发环境的安装与配置，更要感谢兴义民族师范学院信息技术学院的学生，他们提供了大部分任务运行的实例代码。

由于编著者水平有限，书中难免有疏漏之处，敬请广大读者批评、指正。

编著者<br>
2024 年 5 月

# 目 录

## 基 础 篇

**第 1 章 初识 Python** ... 3
- 1.1 程序设计语言 ... 3
- 1.2 Python 概述 ... 4
- 1.3 Python 应用及发展趋势 ... 4
- 1.4 第一个 Python 程序 ... 5
- 1.5 实战任务 ... 6

**第 2 章 开发环境** ... 7
- 2.1 Python 开发环境 ... 7
- 2.2 PyCharm 开发环境 ... 12
- 2.3 Jupyter 开发环境 ... 20
- 2.4 实战任务 ... 24

**第 3 章 基本语法与基本数据类型** ... 25
- 3.1 语法规范 ... 25
- 3.2 基本输入/输出 ... 28
- 3.3 基本数据类型 ... 30
- 3.4 字符串 ... 31
- 3.5 运算符与表达式 ... 32
- 3.6 实战任务 ... 36
- 3.7 计算机等级考试试题训练 ... 36

**第 4 章 程序控制结构** ... 43
- 4.1 三种控制结构 ... 43
- 4.2 分支结构 ... 44
- 4.3 循环结构 ... 46
- 4.4 实战任务 ... 48

4.5　计算机等级考试试题训练 …………………………………………… 48

## 第 5 章　字符串与正则表达式 ……………………………………………… 55

5.1　字符串常用方法及应用 …………………………………………… 55
5.2　字符串内建函数 …………………………………………………… 57
5.3　字符串的格式化输出 ……………………………………………… 58
*5.4　正则表达式基础 …………………………………………………… 60
*5.5　使用 re 模块实现正则表达式操作 ………………………………… 62
5.6　实战任务 …………………………………………………………… 64
5.7　计算机等级考试试题训练 ………………………………………… 64

## 第 6 章　组合数据类型 ……………………………………………………… 70

6.1　列表 ………………………………………………………………… 70
6.2　元组 ………………………………………………………………… 73
6.3　集合 ………………………………………………………………… 75
6.4　字典 ………………………………………………………………… 77
6.5　实战任务 …………………………………………………………… 79
6.6　计算机等级考试试题训练 ………………………………………… 80

## 第 7 章　函数与代码复用 …………………………………………………… 88

7.1　函数的定义与调用 ………………………………………………… 88
7.2　函数参数与传递方式 ……………………………………………… 89
7.3　函数返回值 ………………………………………………………… 91
7.4　变量的作用域 ……………………………………………………… 92
7.5　递归函数 …………………………………………………………… 94
7.6　常用函数 …………………………………………………………… 95
7.7　模块与代码复用 …………………………………………………… 96
7.8　实战任务 …………………………………………………………… 96
7.9　计算机等级考试试题训练 ………………………………………… 97

## 第 8 章　文件操作与异常处理 ……………………………………………… 103

8.1　文件定义和分类 …………………………………………………… 103
8.2　文件操作 …………………………………………………………… 103
8.3　数据维度 …………………………………………………………… 107
8.4　异常处理 …………………………………………………………… 108
8.5　实战任务 …………………………………………………………… 111
8.6　计算机等级考试试题训练 ………………………………………… 111

## *第 9 章　类与对象 …………………………………………………………… 121

9.1　面向对象概述 ……………………………………………………… 121

9.2 类与对象概述 ········· 121
9.3 继承与多态 ········· 124

## 第 10 章 标准库与第三方库 ········· 127

10.1 计算生态及其概念 ········· 127
10.2 常见标准库 ········· 129
10.3 常见第三方库 ········· 132
10.4 实战任务 ········· 135
10.5 计算机等级考试试题训练 ········· 135

## 实 战 篇

## 第 11 章 数据可视化 ········· 145

11.1 任务实战 1 ········· 145
11.2 任务实战 2 ········· 146
11.3 任务实战 3 ········· 146

## 第 12 章 数据处理与分析 ········· 148

12.1 任务实战 1（一元线性关系）········· 148
12.2 任务实战 2（多元线性关系）········· 149

附录 1　全国计算机等级考试二级 Python 语言程序设计考试大纲（2023 年版）········· 151

附录 2　计算机等级考试试题参考答案 ········· 154

参考文献 ········· 163

# 基 础 篇

# 第 1 章

# 初识 Python

**学习目标**
- 了解程序语言 3 个发展阶段。
- 了解高级程序语言执行过程。
- 了解 Python 语言、版本和特点。
- 了解 Python 应用领域及发展趋势。
- 会进入 Python 编程环境,并编写最简单程序。

## 1.1 程序设计语言

程序设计语言是用于书写计算机程序的语言,是计算机能够理解和识别用户操作意图的一种交互体系,这些按照程序设计语言规则组织起来的计算机指令就是计算机程序。

程序设计语言的发展经历了机器语言、汇编语言和高级语言 3 个阶段。机器语言是由二进制 0、1 代码指令构成的,不同的 CPU 具有不同的指令系统。机器语言程序难编写、难修改、难维护,需要用户直接对存储空间进行分配,编程效率极低,已经被渐渐淘汰了。汇编语言是机器语言的符号化,与机器语言存在着直接的对应关系,所以汇编语言同样存在着难学难用、容易出错、维护困难等缺点。但是汇编语言也有自己的优点:可直接访问系统接口,汇编程序翻译成的机器语言程序效率高。高级语言是面向用户的、基本上独立于计算机种类和结构的语言,其最大的优点是:形式上接近算术语言和自然语言,概念上接近人们通常使用的概念。高级语言易学易用,通用性强,应用广泛。

在计算机高级语言中,两个数求和可以表达为 c=a+b。这种形式我们容易理解,但是计算机却不能理解和执行。将高级语言翻译成计算机可以执行的机器语言后计算机才可以理解和执行,有编译或解释两种方法可以实现。

编译型语言在执行之前要先经过编译过程,将内容编译成一个可执行的机器语言文件,如 exe。图 1-1 为程序编译和执行的过程。编译型语言因为编译只做一遍,以后执行都不需要再编译,所以执行效率高。编译型语言的典型代表为 C、C++、Java 等,其优点是执行效率高,缺点是跨平台能力弱,不便调试。

解释型语言编写的程序是根据需要逐条地分析和执行源代码指令,不进行预先编译,以文本方式存储程序代码,执行时才解释执行,程序每执行一次就要编译一遍。图 1-2 为程序解释和执行的过程,其优点是跨平台能力强,易于调试,缺点是执行速度慢。比较典型的解

图 1-1 程序编译和执行的过程

释型语言代表有 Python、JavaScript、PHP 等。

图 1-2 程序解释和执行的过程

## 1.2　Python 概述

　　Python 是一种跨平台的、开源的、免费的、功能强大的、解释型的高级编程语言,比较易于学习。Python 的英文翻译为"蟒蛇",含义就是通吃,其本质在于丰富的标准库和第三方库,是无所不能的。Python 于 1989 年由荷兰人 Guido Van Rossum 开发。

　　Python 自发布以来,共经历了三个版本,分别是:1994 年发布的 Python 1.0、2000 年发布的 Python 2.0 和 2008 年发布的 Python 3.0。现在主要的版本可分为两大类:Python 2.X 和 Python 3.X,而且它们不兼容,Python 3.X 是当前流行的版本。若读者是 Python 初学者,建议从 Python 3.X(本书环境都为 Python 3.X)开始。

　　Python 的特性有以下几个方面。

　　(1) 简单易学:Python 有相对较少的关键字,结构简单,相对于 C/C++ 更加简练直接。

　　(2) 易于阅读:Python 代码定义的更清晰,采用空格作为语句缩进。

　　(3) 丰富和功能强大的库:Python 的最大优势之一是丰富的标准库和第三方库。

　　(4) 跨平台:Python 与 UNIX、Windows 和 Macintosh 的兼容很好。

　　(5) 高可移植:基于其开放源代码的特性,Python 已经被移植(也就是使其工作)到许多平台。

　　(6) 开源和免费。

## 1.3　Python 应用及发展趋势

　　随着大数据和人工智能的迅速发展,Python 的数据处理优势必将使其越来越流行。Python 的应用十分广泛,如科学计算、数据分析、自动控制、网络爬虫、Web 开发、机器学习、深度学习等。目前,有越来越多的公司进入人工智能领域,它们推出了自己开发的深度学习开源平台,从 Google 的 TensorFlow 到 Facebook 的 Torch/PyTorch,还有 Caffe、

Theano 等,无不体现出 Python 是一个在未来非常有前景的语言工具。IEEE Spectrum 发布了 2021 年度编程语言排行榜,其中 Python 一直稳居第一名(五连冠),如图 1-3 所示。

图 1-3　2021 年 IEEE 发布的编程语言排行榜

## 1.4　第一个 Python 程序

在屏幕上打印输出"Hello,world",这是编程的第一步,也是 Python 的最小程序。

方法一:在 Python 官方自带运行环境 IDLE Shell(这里都是 Python 3.8.8 版本)提供的命令行运行方式下输入 print("hello,world"),运行结果如图 1-4 所示。

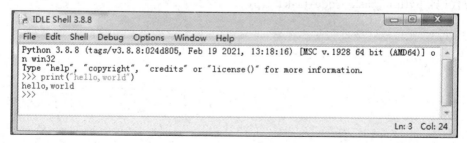

图 1-4　IDLE Shell 运行结果

第一行的>>>是 Python 语言命令方式运行环境的提示符。

第二行是 Python 语句运行结果。

方法二:在 Python 官方命令终端编译环境下输入 print("hello,world"),运行结果如图 1-5 所示。

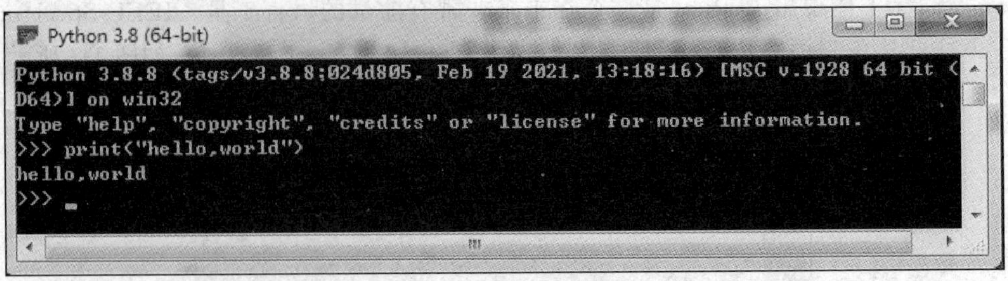

图 1-5 命令终端运行结果

方法三：在系统命令提示符下输入 python，然后进入 Python 命令编译环境，再输入 print("hello,world")，运行结果如图 1-6 所示。

图 1-6 命令编译环境运行结果

## 1.5 实战任务

**任务**：使用 print() 函数输出 this is a python programming 信息。
设计目的：尝试使用 IDLE 和命令方式的 Python 编程环境。
源代码：python_task_Code\task1-1.py。

# 第 2 章

# 开 发 环 境

**学习目标**
- 掌握 Python 下载、安装和运行方法。
- 会使用 Python 自带的 IDLE 编程环境。
- 了解 Python 命令编程环境。
- 掌握 PyCharm 下载和安装方法。
- 会使用 PyCharm 开发环境编写 Python 程序。
- 会配置 Jupyter 开发环境。
- 熟练掌握 Jupyter 编写 Python 程序。

## 2.1　Python 开发环境

**1. 进入 Python 官网下载安装包**

打开浏览器(如 Microsoft Edge 浏览器),在上方地址栏输入 https://www.python.org/,按 Enter 键访问 Python 官网,如图 2-1 所示。单击导航栏的 Downloads 进入 Windows 下载列表。

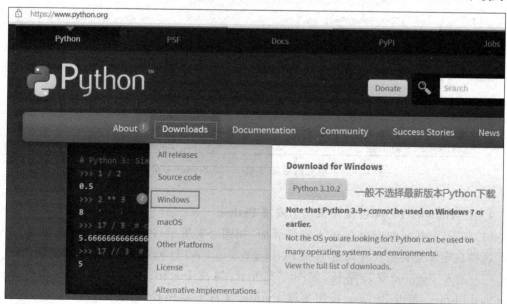

图 2-1　Python 官网

## 2. 进入 Python 安装包详细的下载页面

Python 安装包下载页面如图 2-2 所示。

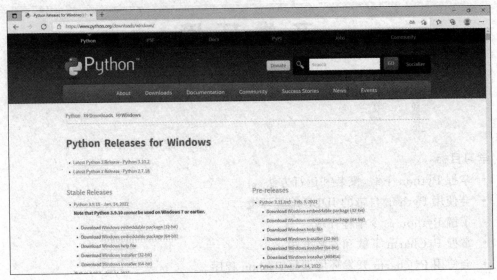

图 2-2　Python 安装包下载页面

## 3. 下载 Python 3.8.8 64 位安装包

Python 3.8.8 64 位安装包下载页面如图 2-3 所示。下载完成后的 python-3.8.8-amd64 安装包如图 2-4 所示。

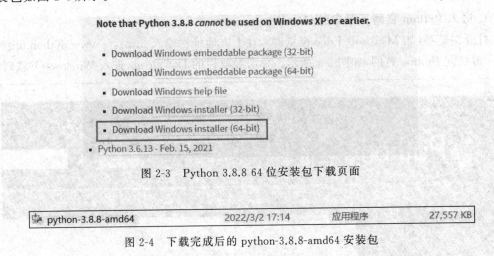

图 2-3　Python 3.8.8 64 位安装包下载页面

图 2-4　下载完成后的 python-3.8.8-amd64 安装包

## 4. 在 Windows 10 64 位操作系统上安装 Python

（1）双击下载好的安装包进入安装界面，如图 2-5 所示，Python 安装选项如图 2-6 所示。选择自定义安装路径并勾选 Add Python 3.8 to PATH 添加 Python 环境变量。

（2）进入 Python 安装路径，如图 2-7 所示，勾选 Install for all users 和 Precompile standard library，单击 Browse 按钮更改 Python 文件安装路径为 D:\python，具体操作如

图 2-5　Python 安装界面

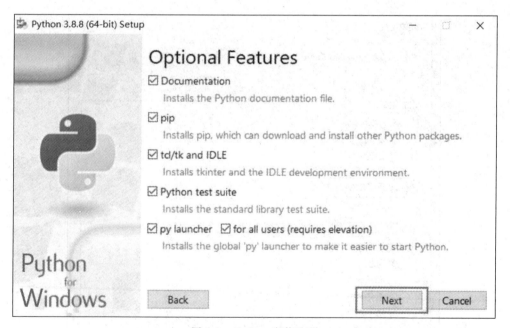

图 2-6　Python 安装选项

图 2-8 所示。修改后的 Python 安装路径如图 2-9 所示。

**注意**：建议不要将软件安装在系统 C 盘中，尽量选择安装在其他盘容易找到的位置。

（3）Python 安装完成界面如图 2-10 所示。

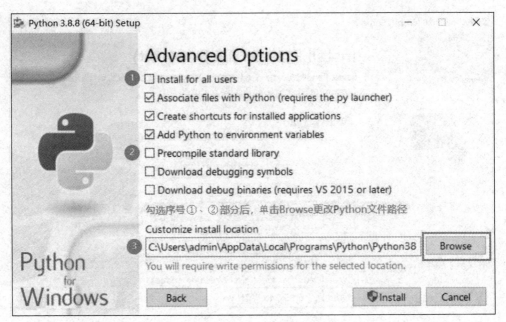

图 2-7　Python 安装路径

图 2-8　更改 Python 安装路径

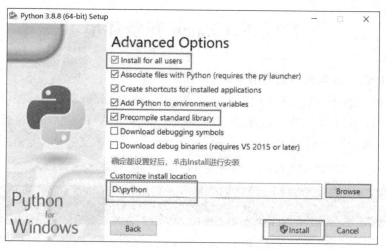

图 2-9　修改后的 Python 安装路径

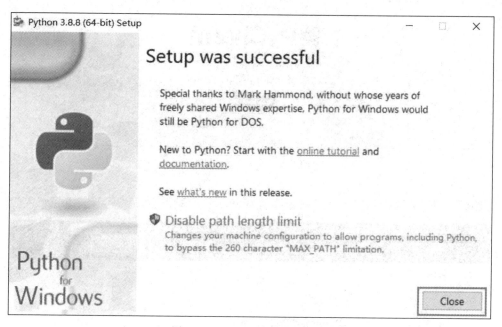

图 2-10　Python 安装完成界面

## 5. 通过 Windows 命令提示符(cmd.exe)测试 Python 是否安装成功

通过 win 键＋R 打开运行界面，输入 cmd 并按 Enter 键进入 cmd.exe 界面，在此界面输入 python，出现如图 2-11 所示提示，则 Python 安装成功。

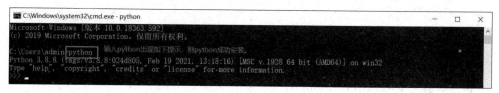

图 2-11　命令提示符界面

## 2.2　PyCharm 开发环境

**1. 进入 PyCharm 官网下载安装包**

在浏览器地址栏中输入 https://www.jetbrains.com/pycharm/，按 Enter 键访问 PyCharm 官网，如图 2-12 所示，单击 Download 按钮进入 PyCharm 下载界面并选择 PyCharm 社区版进行下载，如图 2-13 所示。

图 2-12　PyCharm 官网

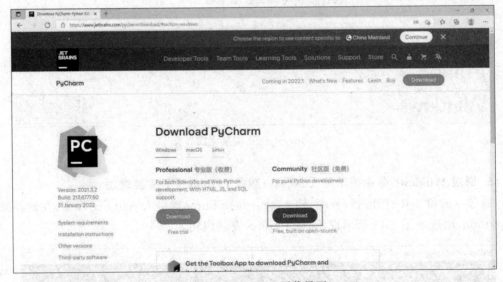

图 2-13　PyCharm 下载界面

下载完成后的 pycharm-community-2021.3.2 安装包如图 2-14 所示。

图 2-14　下载完成后的 pycharm-community-2021.3.2 安装包

## 2. 安装 PyCharm 社区版

（1）选择 PyCharm 安装路径，如图 2-15 和图 2-16 所示，单击 Browse 按钮更改 PyCharm 文件安装路径为 D:\PyCharm。

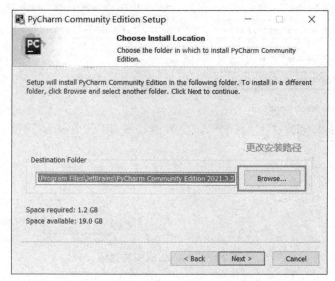

图 2-15　修改前的 PyCharm 安装路径

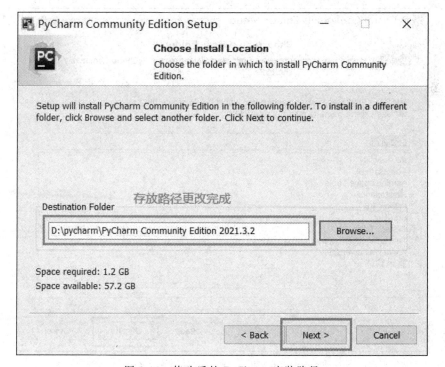

图 2-16　修改后的 PyCharm 安装路径

(2) PyCharm 安装选项如图 2-17 所示。

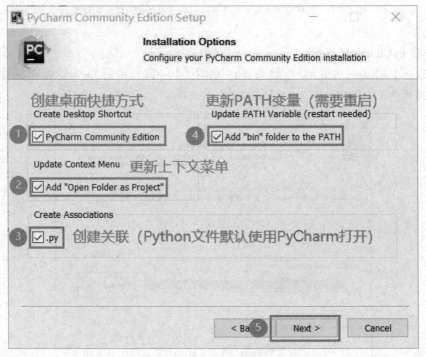

图 2-17　PyCharm 安装选项

(3) PyCharm 选择开始菜单文件夹如图 2-18 所示。

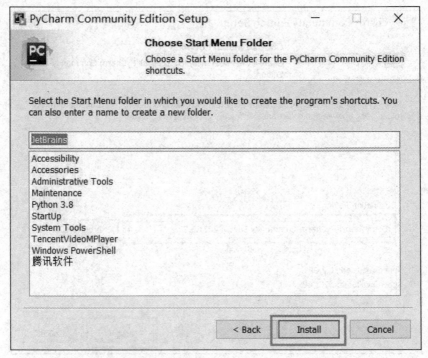

图 2-18　PyCharm 选择开始菜单文件夹

（4）PyCharm 安装完成界面如图 2-19 所示。

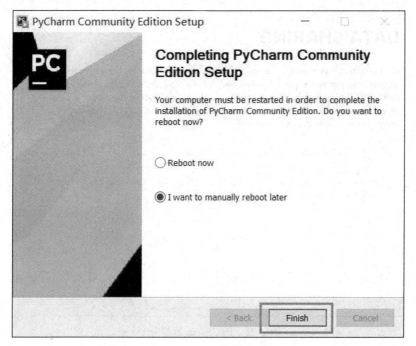

图 2-19　PyCharm 安装完成界面

### 3. 运行 PyCharm 社区版

（1）单击桌面上的 PyCharm 图标进入图 2-20 所示界面，勾选 PyCharm 用户协议，单击 Continue 按钮进行下一步，选择不发送 PyCharm 数据分享，如图 2-21 所示。

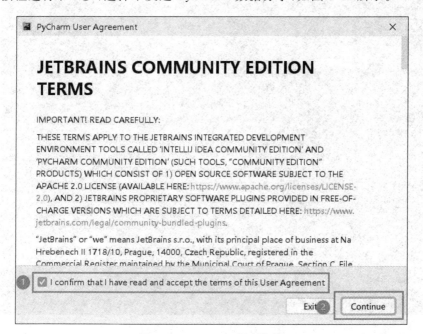

图 2-20　PyCharm 用户协议

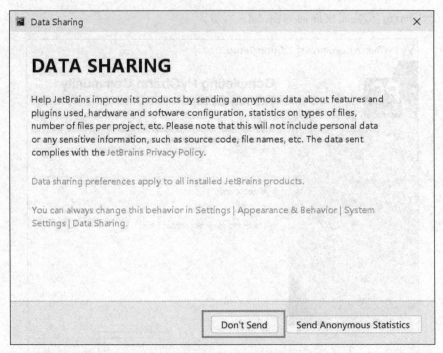

图 2-21  PyCharm 数据分享

（2）进入 PyCharm 开始界面，如图 2-22 所示。单击 New Project 按钮进入配置文件储存路径位置界面，修改文件存放位置为 D:\pythonProject（可在 D 盘新建一个 pythonProject 文件夹），如图 2-23 和图 2-24 所示。

图 2-22  PyCharm 开始界面

第 2 章 开发环境

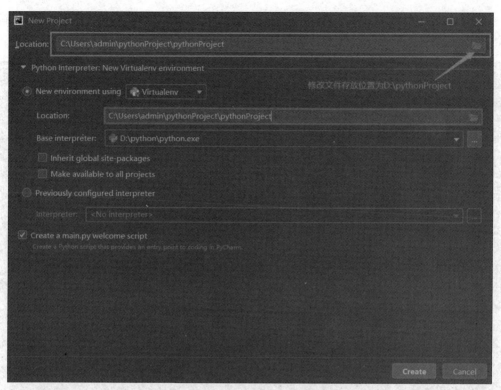

图 2-23 修改前的 PyCharm 存放路径

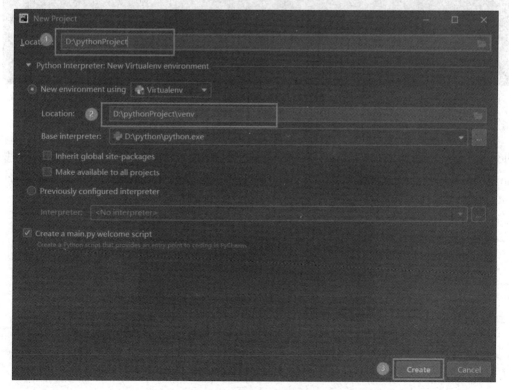

图 2-24 修改后的 PyCharm 存放路径

（3）右击左方导航栏中的 pythonProject，如图 2-25 所示，选择 New→Python File 新建一个 Python 文件。

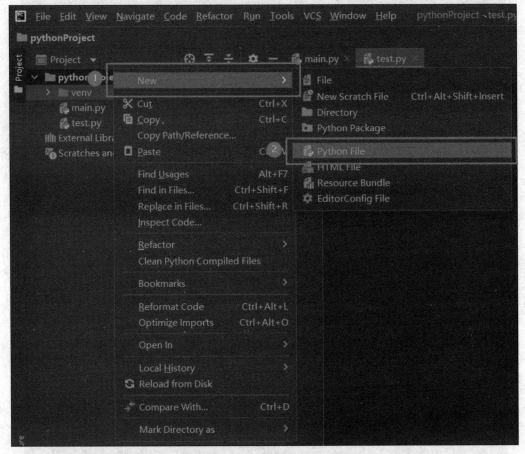

图 2-25　新建 Python 文件

（4）新建一个名为 hello world 的文件，如图 2-26 所示，按 Enter 键生成.py 文件，在 hello world.py 里面输入代码 print("hello world")，如图 2-27 所示，在上方导航栏中选择 Run→Run（可运行 Run 快捷方式 Alt＋Shift＋F10），选择 hello world，如图 2-28 和图 2-29 所示。

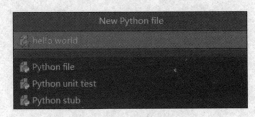

图 2-26　hello world 文件

（5）完成以上操作后，将会在控制台上显示运行结果 hello world，如图 2-30 所示。

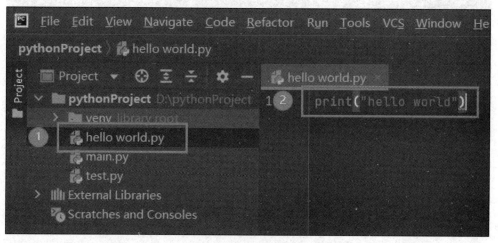

图 2-27 输入代码界面

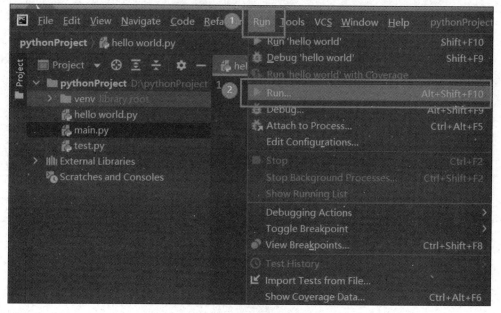

图 2-28 运行菜单界面

图 2-29 运行程序选择界面

图 2-30　程序运行结果界面

## 2.3　Jupyter 开发环境

**1. 进入 Anaconda 官网下载安装包**

在浏览器地址栏中输入 https://www.anaconda.com，按 Enter 键访问 Anaconda 官网，单击 Download 按钮自动下载 Anaconda，如图 2-31 所示。

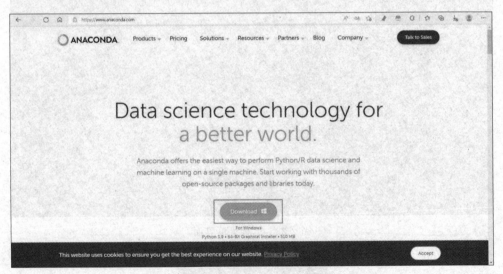

图 2-31　Anaconda 官网

下载完成后的 Anaconda3 安装包如图 2-32 所示。

**2. 安装 Anaconda3**

（1）双击下载好的 Anaconda3 安装包，进入软件安装界面，单击 Next 按钮进行下一步，并单击 I Agree 同意许可协议，继续单击 Next 按钮进入下一步，修改 Anaconda 文件路径为 D:\anaconda，如

图 2-32　下载完成后的 Anaconda3 安装包

图 2-33 和图 2-34 所示。

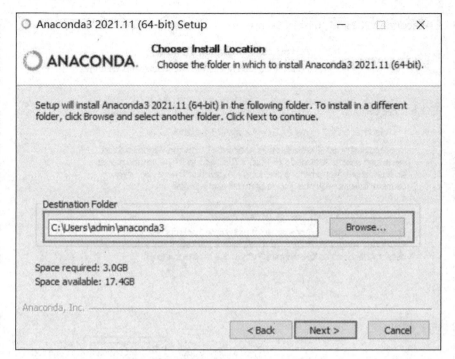

图 2-33　修改前的 Anaconda 文件路径

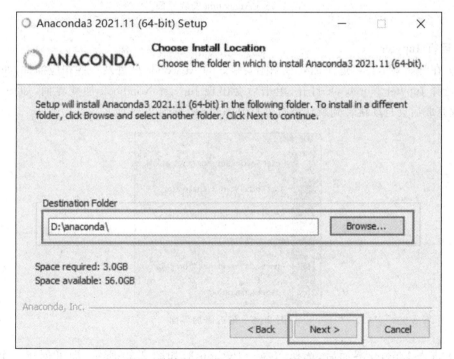

图 2-34　修改后的 Anaconda 文件路径

（2）选择默认勾选的 Register Anaconda3 as my default Python 3.9（将 Anaconda3 注

册为默认的 Python 3.9），单击 Install 按钮完成安装，如图 2-35 所示。

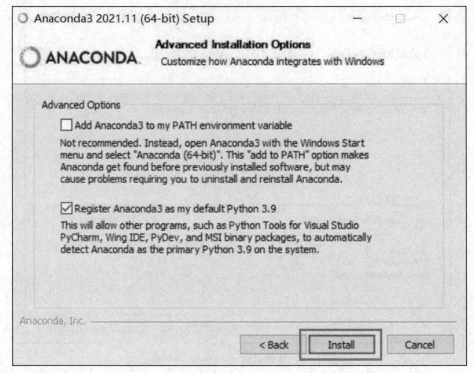

图 2-35　Anaconda 安装界面

**3. 运行 Jupyter**

（1）在开始菜单栏最近添加处有刚刚安装好的 Anaconda 软件及一些相应插件，如图 2-36 所示。选择 Jupyter Notebook 打开，单击后会出现 Jupyter Notebook 加载界面，如图 2-37 所示，加载完成后会自动跳转到默认浏览器打开 Jupyter，如图 2-38 所示。

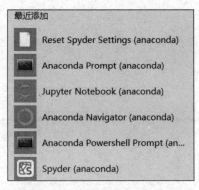

图 2-36　最近添加界面

（2）进入 Jupyter 界面后，选择 New→Python 3，如图 2-39 所示，即可创建一个.ipynb 文件。在代码输入框中输入 print("hello world")，单击"运行"按钮，就会在输入框下方显示运行结果 hello world，如图 2-40 所示。

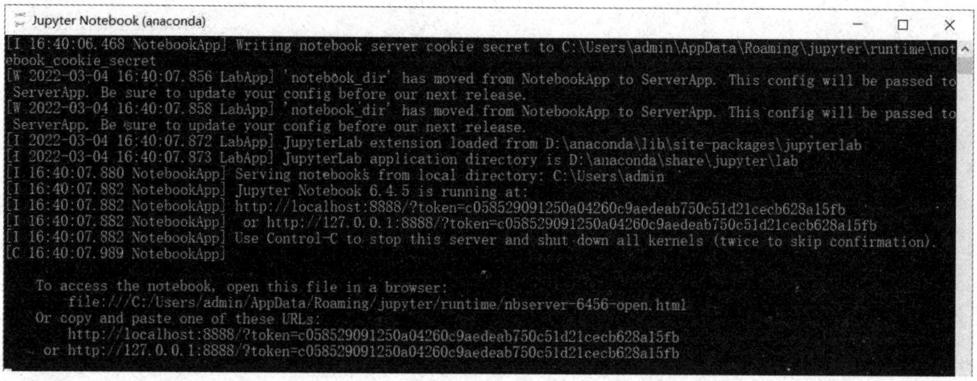

第 2 章 开发环境

图 2-37 Jupyter Notebook 加载界面

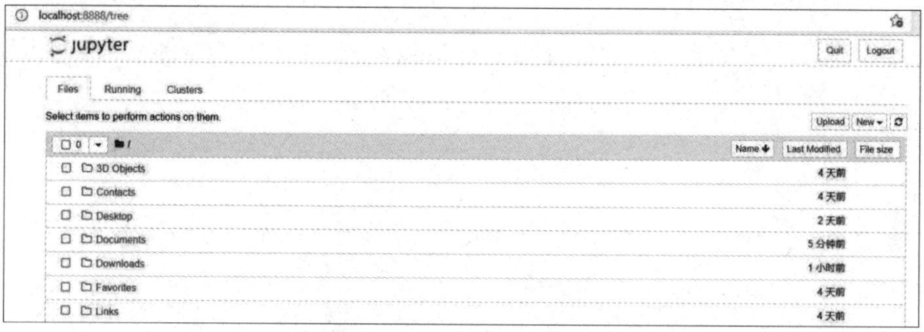

图 2-38 浏览器 Jupyter 界面

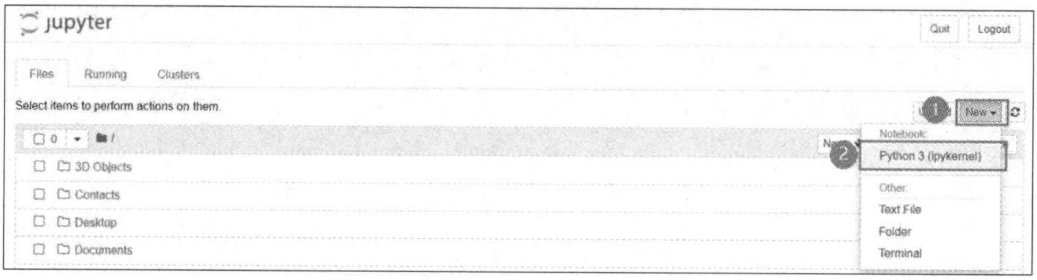

图 2-39 新建 ipynb 文件

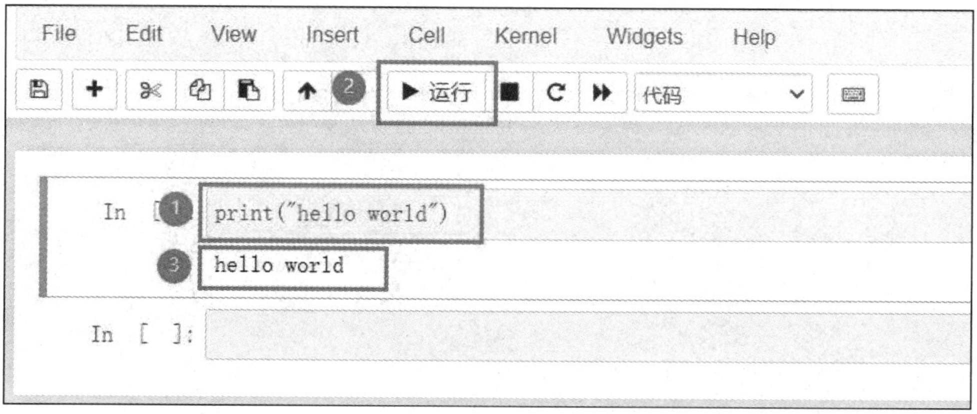

图 2-40 运行程序界面

## 2.4 实战任务

**任务 1**：运用 Jupyter 输出"欢迎使用 Jupyter 开发环境!"。
设计目的：尝试使用 Jupyter 编程环境。
源代码：python_task_Code\task2-1.ipynb。
**任务 2**：运用 PyCharm 输出"欢迎使用 PyCharm 开发环境!"。
设计目的：尝试使用 PyCharm 编程环境。
源代码：python_task_Code\task2-2.py。

# 第 3 章

# 基本语法与基本数据类型

**学习目标**

- 牢记 Python 语言标识符、代码缩进、行、注释等语法规范。
- 熟练使用输入/输出功能函数：input()、print()、eval()。
- 理解 Python 六种基本数据类型：数字、字符串、元组、列表、集合、字典，尤其是数字类型、字符串类型。
- 理解 Python 运算符含义，并能熟练运用于各种表达式。
- 尝试运用 Python 语言解决数值计算等实际问题。

## 3.1 语法规范

**1. 编码规范**

根据国际惯例，文件编码和 Python 编码格式全部为 UTF-8，例如在 Python 代码的开头，要统一加上 # -- coding：utf-8 --。默认情况下，Python 3 源码文件以 UTF-8 编码，当然也可以为源码文件指定不同的编码。UTF-8 是在互联网上使用最广的一种 unicode(universal multiple-octet coded character set)的实现方式，每次 8 位传输数据，是为传输而设计的可变长的编码。

**2. 标识符**

标识符主要用来标识变量、函数、类、模块和其他对象的名称。Python 语言标识符命名规则有：①由字母、下画线(_)和数字组成，并且第一个字符不能是数字；②不能使用 Python 中的保留字；③对大小写敏感，即区分大小写，例如 True 是保留字，true 不是保留字；④在 Python 中以下画线开头有特殊意义，例如，双下画线开头表示类的私有成员(如 _ _add)。Python 中允许使用汉字作为标识符，但建议尽量不要使用。

**3. 保留字**

保留字(keyword)也称关键字，是 Python 语言内部定义并保留使用的标识符，是被赋予特殊意义的单词，因此不能把它们用作任何标识符名称。Python 3.x 共有 35 个保留字，如表 3-1 所示。

表 3-1 Python 3.x 中 35 个保留字的含义及作用

| 序号 | 保留字 | 说明 | 序号 | 保留字 | 说明 |
| --- | --- | --- | --- | --- | --- |
| 1 | and | 逻辑与操作,用于表达式运算 | 19 | if | 条件语句,与 elif、else 结合使用 |
| 2 | as | 用于转换数据类型 | 20 | import | 导入模块,与 from 结合使用 |
| 3 | assert | 用于判断变量或条件表达式的结果 | 21 | in | 判断变量是否在序列中 |
| 4 | async | 用于启用异步操作 | 22 | is | 判断变量是否为某个类的实例 |
| 5 | await | 用于异步操作中等待协程返回 | 23 | lambda | 定义匿名函数 |
| 6 | break | 中断循环语句的执行 | 24 | None | 表示一个空对象或是一个特殊的空值 |
| 7 | class | 定义类 | 25 | nonlocal | 用于在函数或其他作用域中使用外层(非全局)变量 |
| 8 | continue | 继续执行下一次循环 | 26 | not | 逻辑非操作,用于表达式运算 |
| 9 | def | 定义函数或方法 | 27 | or | 逻辑或操作,用于表达式运算 |
| 10 | del | 删除变量或序列的值 | 28 | pass | 空的类、方法或函数的占位符 |
| 11 | elif | 条件语句,与 if、else 结合使用 | 29 | raise | 用于抛出异常 |
| 12 | else | 条件语句,与 if、else 结合使用;也可用于异常或循环语句 | 30 | return | 从函数返回计算结果 |
| 13 | except | 包含捕获异常后的处理代码块,与 try、finally 结合使用 | 31 | True | 含义为"真"的逻辑值 |
| 14 | False | 含义为"假"的逻辑值 | 32 | try | 测试执行可能出现异常的代码,与 except、finally 结合使用 |
| 15 | finally | 包含捕获异常后的始终要调用的代码块,与 try、except 结合使用 | 33 | while | 循环语句 |
| 16 | for | 循环语句 | 34 | with | 简化 Python 的语句 |
| 17 | from | 用于导入模块,与 import 结合使用 | 35 | yield | 从函数依次返回值 |
| 18 | global | 用于在函数或其他局部作用域中使用全局变量 | | | |

通过 Python 标准库提供的 keyword 模块,也可以输出当前版本的所有关键字,如图 3-1 所示。

```
>>> import keyword
>>> keyword.kwlist
['False', 'None', 'True', 'and', 'as', 'assert', 'async', 'await', 'break', 'class', 'continue', 'def', 'del', 'elif', 'else', 'except', 'finally', 'for', 'from', 'global', 'if', 'import', 'in', 'is', 'lambda', 'nonlocal', 'not', 'or', 'pass', 'raise', 'return', 'try', 'while', 'with', 'yield']
>>>
```

图 3-1 keyword 模块

### 4. 代码缩进

Python 最具特色的地方就是可以使用缩进和冒号(:)来表示代码块,不需要使用大括号({})。缩进是指每行语句开始前的空白区域(也就是空格数),用来表示程序间的包含和层次关系。正确的代码缩进实例(资源包:PythonCode\03-01.ipynb)如下。

```
In [1]: if True:
            print("yes")
            print("hello")
        else:
            print("no")
yes
hello
```

Python 对代码的缩进要求十分严格,同一个级别的代码块的语句必须包含相同的缩进空格数。下面为错误的代码缩进实例(资源包:PythonCode\03-01.ipynb)。

```
In [3]: if True:
            print("yes")         #同一个层次 print 语句
        print("hello")
        else:
            print("no")
  File <tokenize>:3
    print("hello")
    ^
IndentationError: unindent does not match any outer indentation level
```

### 5. 行

Python 通常是一行写完一条语句,不能在行尾加分号(;),也不能用分号将两条命令放在同一行。如果语句很长,可以使用反斜杠(\)来实现多行语句,但一般不推荐使用。常见用法实例(资源包:PythonCode\03-01.ipynb)如下。

```
In [5]: item_one=20
        item_two=30
        total=item_one+\
        item_two
        print(total)
50
```

一般每行不超过 80 个字符,若超过,建议用圆括号、中括号和花括号将多行内容隐式地连接起来。常见用法实例(资源包:PythonCode\03-01.ipynb)如下。

```
In [6]: print("一般每行不超过 80 个字符,若超过,"
              "建议用圆括号、中括号和花括号将多行内容隐式连接起来。")
一般每行不超过 80 个字符,若超过,建议用圆括号、中括号和花括号将多行内容隐式连接起来。
```

### 6. 注释

注释是指对代码功能进行解释说明的标注性文字,目的是提高代码的可读性。注释内容不被执行,会被 Python 解释器忽略。常见的 3 种类型注释是单行注释、多行注释和中文编码声明注释。

(1) 单行注释,以 # 开头。常见用法实例(资源包:PythonCode\03-01.ipynb)如下。

```
In [8]: #第一个注释
        print ("Hello, Python!") #第二个注释
        Hello, Python!
```

(2) 多行注释,采用一对三引号('''……'''或者"""……""")以及多个#号。常见用法实例(资源包:PythonCode\03-01.ipynb)如下。

```
In [9]: #第一个注释
        #第二个注释
        '''
        第三个注释
        第四个注释
        '''
        """
        第五个注释
        第六个注释
        """
        print ("Hello, Python!")
        Hello, Python!
```

(3) 中文编码声明注释。例如,保存文件编码格式为 UTF-8,可使用如下代码。

```
#coding:utf-8
```

或者

```
#-*-coding:utf-8-*-
```

## 3.2 基本输入/输出

### 1. input()函数

语法格式:

```
input(prompt=None, /)
```

参数说明:prompt 可选提示性信息。

功能:接收一个标准输入数据,返回为 string 类型。

为了获得用户输入的信息,需要将输入指定一个变量。常见用法实例(资源包:PythonCode\03-02.ipynb)如下。

```
In  [1]:  a=input("请输入:")
          a
          请输入:100
Out[1]: '100'
```

## 2. print()函数

**语法格式:**

print(value,...,sep=' ', end='\n', file=sys.stdout, flush =False)

**参数说明:**

- value,表示可以一次输出多个对象,需要用","分隔。
- sep,用来间隔多个对象,默认值是一个空格。
- end,用来设定以什么结尾。默认值是换行符\n,也可以换成其他字符串。
- file,写入 file 指定的文件中,默认是标准输出(sys.stdout)。
- flush,输出是否被缓存通常决定于 file,但如果 flush 关键字参数为 True,流会被强制刷新。

功能:用于打印输出,无返回值。常见用法实例(资源包:PythonCode\03-02.ipynb)如下。

```
In  [2]:  print("hello,world")
          print(1,2,3,sep='***',end='\n') #设置 sep 为"***"分隔符,end 参数为"\n"换
                                           行符,输出后换行
          hello,worl
          1***2***3

In  [3]:  print(40,'\t',end="")
          print(50,'\t',end="") #设置 end 参数,指定输出之后不再换行
          40    50

In  [4]:  a=2
          b=5
          print(a * b)
          10

In  [11]: price=1000
          print(" the book's price   is %d"%price)
          print(" the book's price is ",price)

           the book's price   is 1000
           the book's price is   1000

In  [12]: fp=open("demo.txt","w") #打开或创建 demo.txt 文件
          print("要么出众,要么出局",file=fp) #输出"要么……"到文件 demo.txt 中
          fp.close()
```

### 3. eval()函数

语法格式：

eval(source, globals=None, locals=None, /)

参数说明：
- source,源可能是 Python 字符串表达式。
- globals,变量作用域,全局命名空间,如果被提供,则必须是一个字典对象。
- locals,变量作用域,局部命名空间,如果被提供,可以是任何映射对象。

功能：执行一个字符串表达式,并返回表达式的计算结果。常见用法实例（资源包：PythonCode\03-02.ipynb）如下。

```
In [16]: a=eval("1.2")
         print(a)
         b="1.0+3.0"
         print(b)
         print(eval(b))
1.2
1.0+3.0
4.0
```

## 3.3 基本数据类型

　　Python 是动态类型语言,与其他高级语言（如 C 和 Java）不同,Python 的数据类型一般不用先定义变量,而是根据赋值给变量的数据来自动确定变量的类型,然后分配相应的存储空间。Python 3 中有六个标准数据类型：数字（number）、字符串（string）、元组（tuple）、列表（list）、集合（set）、字典（dictionary）,其中前 3 个是不可变数据类型,后 3 个是可变数据类型。数字类型是表示数字或数值的数据类型,Python 主要提供了整数（int）、浮点数（float）、复数（complex）、布尔类型（bool）四种。

　　(1) 整数：整型数据可以是正整数、负整数和零,无小数点,可以用二进制（0b 开头）、八进制（0o 开头）、十进制和十六进制（0x 开头）表示。

　　(2) 浮点数：浮点型数据由整数部分和小数部分组成,可以用带小数点的一般形式（如 12.34）表示,也可以用科学计数法表示。

　　(3) 复数：复数由实数部分和虚数部分构成,可用 a＋bj 或者 complex(a,b) 表示,a,b 都是浮点数。

　　(4) 布尔类型：在 Python 3 中,变量或表达结果是关键字 True 和 False,值分别为 1、0。

实例代码（资源包：PythonCode\03-03.ipynb）如下。

```
In [1]: a, b, c, d =20, 5.5, True, 40+3.6j
        print(a,b,c,d)
        print(type(a),type(b),type(c),type(d))
20 5.5 True (40+3.6j)
<class 'int'><class 'float'><class 'bool'><class 'complex'>
```

In [2]: e=int(b) #将浮点数 b 强制转换为整数,并赋值给变量 e
print(e)
print(type(e))
5
<class 'int'>

## 3.4 字 符 串

在 Python 中,字符串是用单引号(' ')、双引号(" ")、三引号(''' ''')或(""" """)括起来的一个或多个字符。单引号、双引号语义没有差别,只是形式不同,但是三引号可允许一个字符串跨多行,字符串中可以包含换行符、制表符以及其他特殊字符。字符串是一个有序的字符集合,用于存储和表示基本的文本信息,只能存放一个值,定义后不可改变。

字符串可以对其中单个字符或字符片段进行索引。若字符串长度为 L,正向递增从左到右依次为:0,1,…,L-1;反向递减从右至左依次为:-1,-2,…,-L,如图 3-2 所示。

图 3-2 字符串正反方向序号

访问字符串时,可以按位置序号进行索引访问,也可采用切片([m:n])获得子串,输出时包含下标 m 元素,但不包括下标 n 元素。常见用法实例(资源包:PythonCode\03-04.ipynb)如下。

In [1]: str="hello,world"
print(str)
print(str[0])
print(str[6:11])
print(str[6:-1])
hello,world
h
world
worl

当字符串中含有特殊含义字符时,使用反斜杠(\)转义特殊字符。如果不想让反斜杠发生转义,可以在字符串前面添加一个 r,表示原始字符串。常见用法实例(资源包:PythonCode\03-04.ipynb)如下。

In [2]: print("hello\nworld")
hello
world

```
In [3]: print(r"hello\nworld")
hello\nworld
```

这里仅介绍字符串基本概念、索引等,更多关于字符串的内容请参考第5章。

## 3.5 运算符与表达式

运算符是一些特殊的符号,主要用于数学计算、比较运算和逻辑运算等。Python 主要支持的运算符有算术运算符、赋值运算符、关系运算符、逻辑运算符、位运算符、成员运算符。表达式是将不同类型的数据(常量、变量、函数)用运算符按照一定的规则连接起来的算式。

**1. 算术运算符**

算术运算符常用于数值计算问题,Python 支持的算术运算符如表 3-2 所示。

表 3-2 算术运算符

| 运算符 | 操作说明 | 示例及结果 | 备 注 |
| --- | --- | --- | --- |
| + | 加法 | 10+21 结果 31 | |
| - | 减法 | 21-10 结果 11 | |
| * | 乘法 | 10*21 结果 210 | |
| / | 除法 | 21/10 结果 2.1 | 除数不能为 0 |
| % | 取余,返回除法的余数 | 21%10 结果 1 | 除数不能为 0 |
| ** | 幂(指数),返回 x 的 y 次方 | 2**3 结果 8 | |
| // | 整除,即返回商的整数部分 | 32//10 结果 3 | 除数不能为 0 |

Python 中的算术运算符优先级与数学中的四则运算一致,同级运算符是从左至右。其优先级如下:①第一级:**;②第二级:*,/,%,//;③第三级:+,-。常见用法实例(资源包:PythonCode\03-05.ipynb)如下。

```
In [1]: a = 21
        b = 10
        c = 0
        c = a + b
        print("1 - c 的值为:", c)
        c = a - b
        print("2 - c 的值为:", c)
        c = a * b
        print("3 - c 的值为:", c)
        c = a / b
        print("4 - c 的值为:", c)
        c = a % b
        print("5 - c 的值为:", c)
        #修改变量 a、b、c
```

```
a = 2
b = 3
c = a ** b
print ("6-c 的值为:", c)
a = 32
b = 10
c = a // b
print ("7-c 的值为:", c)
a = 21
b = 10
c = 0
c = a + b
print ("1-c 的值为:", c)
c = a - b
print ("2-c 的值为:", c)
c = a * b
print ("3-c 的值为:", c)
c = a / b
print ("4-c 的值为:", c)
c = a % b
print ("5-c 的值为:", c)
#修改变量 a、b、c
a = 2
b = 3
c = a ** b
print ("6-c 的值为:", c)
a = 32
b = 10
c = a // b
print ("7-c 的值为:", c)
```

1-c 的值为：31

2-c 的值为：11

3-c 的值为：210

4-c 的值为：2.1

5-c 的值为：1

6-c 的值为：8

7-c 的值为：3

**2．赋值运算符**

赋值运算符主要用来为变量赋值。在 Python 中，"="表示"赋值"，即将等号右边表达式计算后的结果赋值给左边的变量。常见形式如：＜变量＞＝＜表达式＞。Python 中的赋值运算符的用法和说明如表 3-3 所示。

表 3-3 赋值运算符

| 运算符 | 描 述 | 示例及含义 |
|---|---|---|
| = | 赋值运算符 | c＝a＋b 将 a＋b 的运算结果赋值为 c |
| ＋＝ | 加法赋值运算符 | c＋＝a 等效于 c＝c＋a |
| －＝ | 减法赋值运算符 | c－＝a 等效于 c＝c－a |
| ＊＝ | 乘法赋值运算符 | c＊＝a 等效于 c＝c＊a |
| /＝ | 除法赋值运算符 | c/＝a 等效于 c＝c/a |
| %＝ | 取余赋值运算符 | c%＝a 等效于 c＝c%a |
| ＊＊＝ | 指数赋值运算符 | c＊＊＝a 等效于 c＝c＊＊a |
| //＝ | 整除赋值运算符 | c//＝a 等效于 c＝c//a |

常见用法实例(资源包:PythonCode\03-05.ipynb)如下。

```
In [2]: a=10
        b=20
        #可以写成 a,b=3,5
        c=a+b
        print(c)
        c+=b
        print(c)
30
50
```

### 3. 关系运算符

关系运算符用来比较两个数字或对象,运算结果是 True 或 False。Python 中的关系运算符的用法和说明如表 3-4 所示。

表 3-4 关系运算符

| 运算符 | 描 述 | 示例(假设 a＝10,b＝20) |
|---|---|---|
| ＝＝ | 等于:比较对象是否相等 | 10＝＝20 结果 False |
| !＝ | 不等于:比较两个对象是否不相等 | 10!＝20 结果 True |
| ＞ | 大于:返回 x 是否大于 y | a＞b 结果 False |
| ＜ | 小于:返回 x 是否小于 y | a＜b 结果 True |
| ＜＝ | 小于或等于:返回 x 是否小于或等于 y | a＜＝b 结果 True |
| ＞＝ | 大于或等于:返回 x 是否大于或等于 y | a＞＝b 结果 False |

### 4. 逻辑运算符

逻辑运算符是对真(True)和假(False)两种布尔值进行计算,其结果仍为布尔值。Python 中的逻辑运算符如表 3-5 所示。

表3-5 逻辑运算符

| 运算符 | 描述 | 用法示例 | 结合方向 |
|---|---|---|---|
| and | 与 | x and y。当x,y都为真时,结果为真;否则为假 | 从左到右 |
| or | 或 | x or y。当x,y都为假时,结果为假;否则为真 | 从左到右 |
| not | 非 | not x。取反,当x为真时,结果为假;否则为真 | 从右到左 |

**5. 位运算符**

位运算符是把数字看作二进制数来进行计算。Python中位运算符的用法和说明如表3-6所示。

表3-6 位运算符

| 运算符 | 操作说明 | 示例 |
|---|---|---|
| & | 按位与:参与运算的两个值,如果两个相应位都为1,则该位的结果为1,否则为0 | 12&5=4,运算过程如下:<br>  1100<br>&0101<br>  0100 |
| \| | 按位或:只要对应的二个二进位有一个为1时,结果位就为1 | 12\|5=13,运算过程如下:<br>  1100<br>\|0101<br>  1101 |
| ^ | 按位异或:当两对应的二进位相异时,结果为1 | 12^5=9,运算过程如下:<br>  1100<br>^0101<br>  1001 |
| ~ | 按位取反运算符:对数据的每个二进制位取反,即把1变为0,把0变为1 | ~12=-13。运算与存储表示过程(略),可参考原码、补码、反码相关知识 |
| << | 左移:运算数的各二进位全部左移若干位,由"<<"右边的数指定移动的位数,高位丢弃,低位补0,相当于乘法运算 | 12<<2=48,运算过程如下:<br>左移2位 1 1 0 0 计算:12<<2<br>              左移后补0<br>1 1 0 0 0 0 结果:48 |
| >> | 右移:把">>"左边的运算数的各二进位全部右移若干位,左边空位补0,由">>"右边的数指定移动的位数 | 12>>2=3,运算过程如下:<br>      1 1 0 0 计算:12>>2<br>右移后补0           右移2位<br>      0 0 1 1 结果:3 |

**6. 成员运算符**

成员运算符用来判断一个元素是否在某个系列中。Python中成员运算符的用法和说明如表3-7所示。

表 3-7  成员运算符

| 运算符 | 操作说明 | 示例 |
|---|---|---|
| in | 如果在指定的序列中找到值返回 True,否则返回 False | a in b |
| not in | 如果在指定的序列中没有找到值返回 True,否则返回 False | a not in b |

## 3.6 实战任务

**任务**：编写 Python 程序，计算任意圆柱体的体积和表面积。
设计目的：①熟练使用输入/输出语句；②熟练运用运算符及表达式解决实际问题。
源代码：python_task_Code\task3-1.ipynb。

## 3.7 计算机等级考试试题训练

◆ 单选题

1. 关于 Python 程序格式框架的描述,以下选项中错误的是(    )。
   A. Python 语言的缩进可以采用 Tab 键实现
   B. Python 单层缩进代码属于之前最邻近的一行非缩进代码,多层缩进代码根据缩进关系决定所属范围
   C. 判断、循环、函数等语法形式能够通过缩进包含一批 Python 代码,进而表达对应的语义
   D. Python 语言不采用严格的"缩进"来表明程序的格式框架

2. 以下选项中不符合 Python 语言变量命名规则的是(    )。
   A. I            B. 3_1            C. _AI            D. empStr

3. 关于 Python 语言的注释,以下选项中描述错误的是(    )。
   A. Python 语言的单行注释以#开头
   B. Python 语言的单行注释以单引号(')开头
   C. Python 语言的多行注释以''' '''(三个单引号)开头和结尾
   D. Python 语言有两种注释方式：单行注释和多行注释

4. 下面代码的输出结果是(    )。

```
x =12.34
print(type(x))
```

   A. <class 'int'>              B. <class 'float'>
   C. <class 'bool'>             D. <class 'complex'>

5. 关于 Python 的复数类型,以下选项中描述错误的是(    )。
   A. 复数的虚数部分通过后缀"J"或者"j"来表示
   B. 对于复数 z,可以用 z.real 获得它的实数部分
   C. 对于复数 z,可以用 z.imag 获得它的实数部分

D. 复数类型表示数学中的复数

6. 以下选项中不是 Python 语言的保留字的是(　　)。
   A. except　　　　B. do　　　　C. pass　　　　D. while

7. 下面代码的输出结果是(　　)。

```
x = 0o1010
print(x)
```

   A. 520　　　　B. 1024　　　　C. 32768　　　　D. 10

8. 下面代码的输出结果是(　　)。

```
x=10
y=3
print(divmod(x,y))
```

   A. (1, 3)　　　　B. 3,1　　　　C. 1,3　　　　D. (3, 1)

9. 以下选项中符合 Python 语言变量命名规则的是(　　)。
   A. *i　　　　B. 3_1　　　　C. AI!　　　　D. Templist

10. 关于赋值语句,以下选项中描述错误的是(　　)。
    A. 在 Python 语言中,有一种赋值语句,可以同时给多个变量赋值
    B. 设 x = "alice";y = "kate",执行 x,y = y,x 可以实现变量 x 和 y 值的互换
    C. 设 a = 10;b = 20,执行 a,b = a,a + b print(a,b)和 a = b,b = a + b print(a,b)之后,得到同样的输出结果:10 30
    D. 在 Python 语言中,"="表示赋值,即将"="右侧的计算结果赋值给左侧变量,包含"="的语句称为赋值语句

11. 关于 eval 函数,以下选项中描述错误的是(　　)。
    A. eval 函数的作用是将输入的字符串转为 Python 语句,并执行该语句
    B. 如果用户希望输入一个数字,并用程序对这个数字进行计算,可以采用 eval (input(<输入提示字符串>))组合
    C. 执行 eval("Hello") 和执行 eval(" 'Hello' ") 得到相同的结果
    D. eval 函数的定义为：eval(source, globals=None, locals=None, /)

12. 关于 Python 语言的特点,以下选项中描述错误的是(　　)。
    A. Python 语言是非开源语言　　　　B. Python 语言是跨平台语言
    C. Python 语言是多模型语言　　　　D. Python 语言是脚本语言

13. 关于 Python 的数字类型,以下选项中描述错误的是(　　)。
    A. Python 整数类型提供了4种进制表示：十进制、二进制、八进制和十六进制
    B. Python 语言要求所有浮点数必须带有小数部分
    C. Python 语言中,复数类型中实数部分和虚数部分的数值都是浮点类型,复数的虚数部分通过后缀"C"或者"c"来表示
    D. Python 语言提供 int、float、complex 等数字类型

14. 下面代码的输出结果是(　　)。

```
x=0b1010
```

```
print(x)
```
  A. 16    B. 256    C. 1024    D. 10

15. 下面代码的输出结果是（   ）。

```
x=10
y=-1+2j
print(x+y)
```

  A. 9    B. 2j    C. 11    D. （9+2j）

16. 下面代码的输出结果是（   ）。

```
x=3.1415926
print(round(x,2),round(x))
```

  A. 3 3.14    B. 2 2    C. 6.28 3    D. 3.14 3

17. 以下选项中，输出结果是 False 的是（   ）。
  A. >>> 5 is not 4      B. >>> 5 != 4
  C. >>> False != 0      D. >>> 5 is 5

18. 以下选项中说法不正确的是（   ）。
  A. C 语言是静态语言，Python 语言是脚本语言
  B. 编译是将源代码转换成目标代码的过程
  C. 解释是将源代码逐条转换成目标代码同时逐条运行目标代码的过程
  D. 静态语言采用解释方式执行，脚本语言采用编译方式执行

19. 以下选项中，不是 Python 语言特点的是（   ）。
  A. 变量声明：Python 语言具有使用变量需要先定义后使用的特点
  B. 平台无关：Python 程序可以在任何安装了解释器的操作系统环境中执行
  C. 黏性扩展：Python 语言能够集成 C、C++ 等语言编写的代码
  D. 强制可读：Python 语言通过强制缩进来体现语句间的逻辑关系

20. 拟在屏幕上打印输出"Hello World"，以下选项中正确的是（   ）。
  A. print('Hello World')      B. printf("Hello World")
  C. printf('Hello World')      D. print(Hello World)

21. IDLE 环境的退出命令是（   ）。
  A. esc()    B. close()    C. 回车键    D. exit()

22. 以下选项中，不符合 Python 语言变量命名规则的是（   ）。
  A. keyword33_      B. 33_keyword
  C. _33keyword      D. keyword_33

23. 以下选项中，不是 Python 语言保留字的是（   ）。
  A. while    B. continue    C. goto    D. for

24. 以下选项中，Python 语言中代码注释使用的符号是（   ）。
  A. /*...*/    B. !    C. #    D. //

25. 关于 Python 语言的变量，以下选项中说法正确的是（   ）。
  A. 随时声明、随时使用、随时释放    B. 随时命名、随时赋值、随时使用

C. 随时声明、随时赋值、随时变换类型　　D. 随时命名、随时赋值、随时变换类型

26. Python 语言提供的 3 个基本数字类型是(　　)。
    A. 整数类型、浮点数类型、复数类型　　B. 整数类型、二进制类型、浮点数类型
    C. 整数类型、二进制类型、复数类型　　D. 整数类型、字符串类型、浮点数类型

27. 以下选项中，不属于 IPO 模式一部分的是(　　)。
    A. Program(程序)　　　　　　　　　　B. Process(处理)
    C. Output(输出)　　　　　　　　　　　D. Input(输入)

28. 以下选项中，属于 Python 语言中合法的二进制整数是(　　)。
    A. 0B1010　　　　B. 0B1019　　　　C. 0bC3F　　　　D. 0b1708

29. 关于 Python 语言的浮点数类型，以下选项中描述错误的是(　　)。
    A. 浮点数类型表示带有小数的类型
    B. Python 语言要求所有浮点数必须带有小数部分
    C. 小数部分不可以为 0
    D. 浮点数类型与数学中实数的概念一致

30. 关于 Python 语言数值操作符，以下选项中描述错误的是(　　)。
    A. x//y 表示 x 与 y 之整数商，即不大于 x 与 y 之商的最大整数
    B. x**y 表示 x 的 y 次幂，其中 y 必须是整数
    C. x%y 表示 x 与 y 之商的余数，也称为模运算
    D. x/y 表示 x 与 y 之商

31. 下面代码的执行结果是(　　)。

```
>>>1.23e-4+5.67e+8j.real
```

    A. 1.23　　　　　B. 5.67e+8　　　　C. 1.23e4　　　　D. 0.000123

32. 下面代码的执行结果是(　　)。

```
>>>s ="11+5in"
>>>eval(s[1:-2])
```

    A. 6　　　　　　B. 11+5　　　　　C. 执行错误　　　D. 16

33. 下面代码的执行结果是(　　)。

```
>>>abs(-3+4j)
```

    A. 4.0　　　　　B. 5.0　　　　　　C. 执行错误　　　D. 3.0

34. 下面代码的执行结果是(　　)。

```
>>>x =2
>>>x *=3 +5**2
```

    A. 15　　　　　　B. 56　　　　　　C. 8192　　　　　D. 13

35. Python 文件的扩展名是(　　)。
    A. pdf　　　　　　B. do　　　　　　C. pass　　　　　D. py

36. 下面代码的输出结果是(　　)。

```
print(0.1 +0.2 ==0.3)
```

  A. False    B. -1    C. 0    D. while

37. 下面代码的执行结果是(　　)。

```
a =10.99
print(complex(a))
```

  A. 10.99+j    B. 10.99    C. 0.99    D. (10.99+0j)

38. 关于 Python 字符编码,以下选项中描述错误的是(　　)。

  A. chr(x)和 ord(x)函数用于在单字符和 Unicode 码值之间进行转换

  B. print chr(65)输出 A

  C. print(ord('a'))输出 97

  D. Python 字符编码使用 ASCII 编码

39. 下面代码的输出结果是(　　)。

```
x =12.34
print(type(x))
```

  A. <class 'int'>      B. <class 'float'>

  C. <class 'bool'>      D. <class 'complex'>

40. 下面代码的输出结果是(　　)。

```
x=10
y=3
print(x%y,x**y)
```

  A. 3 1000    B. 1 30    C. 3 30    D. 1 1000

41. 设一年356天,第1天的能力值为基数记为1.0,当好好学习时能力值相比前一天会提高千分之五。以下选项中,不能获得持续努力1年后的能力值的是(　　)。

  A. 1.005 ** 365      B. pow((1.0 +0.005),365)

  C. 1.005 // 365      D. pow(1.0 + 0.005,365)

42. 以下选项中值为 False 的是(　　)。

  A. 'abc'<'abcd'   B. ' '<'a'   C. 'Hello'>'hello'   D. 'abcd'<'ad'

43. Python 语言中用来定义函数的关键字是(　　)。

  A. return    B. def    C. function    D. define

44. 以下选项中,正确地描述了浮点数 0.0 和整数 0 相同性的是(　　)。

  A. 它们使用相同的计算机指令处理方法

  B. 它们具有相同的数据类型

  C. 它们具有相同的值

  D. 它们使用相同的硬件执行单元

45. 关于 Python 语句 P = -P,以下选项中描述正确的是(　　)。

  A. P 和 P 的负数相等      B. P 和 P 的绝对值相等

  C. 给 P 赋值为它的负数      D. P 的值为 0

46. 下面代码的输出结果是(　　)。

```
x = 0x0101
print(x)
```

  A. 101    B. 257    C. 65    D. 5

47. 下面代码的输出结果是(　　)。

```
a = 4.2e-1
b = 1.3e2
print(a+b)
```

  A. 130.042    B. 5.5e31    C. 130.42    D. 5.5e3

48. Python 语言中,以下表达式输出结果为 11 的选项是(　　)。

  A. print("1+1")      B. print(1+1)

  C. print(eval("1+1"))    D. print(eval("1" + "1"))

49. 运行以下程序：

```
x = eval(input())
y = eval(input())
print(abs(x+y))
```

从键盘输入 1+2 与 4j,则输出结果是(　　)。

  A. 5           B. <class 'complex'>

  C. <class 'float'>       D. 5.0

50. 以下对数值运算操作符描述错误的选项是(　　)。

  A. Python 提供了 9 个基本的数值运算操作符

  B. Python 数值运算操作符也叫作内置操作符

  C. Python 二元数学操作符都有与之对应的增强赋值操作符

  D. Python 数值运算操作符需要引用第三方库 math

51. Python 中对变量描述错误的选项是(　　)。

  A. Python 不需要显示声明变量类型,在第一次变量赋值时由值决定变量的类型

  B. 变量通过变量名访问

  C. 变量必须在创建和赋值后使用

  D. 变量 PI 与变量 Pi 被看作相同的变量

52. 以下 Python 语句运行结果异常的选项是(　　)。

  A. >>> PI, r = 3.14, 4

  B. >>> a = 1
    >>> b = a = a + 1

  C. >>> x = True
    >>> int(x)

  D. >>> a

53. 以下对 Python 程序设计风格描述错误的选项是(　　)。

  A. Python 中不允许把多条语句写在同一行

B. Python 语句中,增加缩进表示语句块的开始,减少缩进表示语句块的退出

C. Python 可以将一条长语句分成多行显示,使用续航符"\"

D. Python 中允许把多条语句写在同一行

54. 下列表达式的运算结果是(　　)。

```
>>>a =100
>>>b =False
>>>a * b >-1
```

  A. False   B. 1    C. 0    D. True

55. 以下对 Python 程序缩进格式描述错误的选项是(　　)。

  A. 不需要缩进的代码顶行写,前面不能留空白

  B. 缩进可以用 Tab 键实现,也可以用多个空格实现

  C. 严格的缩进可以约束程序结构,可以多层缩进

  D. 缩进是用来格式美化 Python 程序的

56. 以下选项不属于 Python 语言特点的是(　　)。

  A. 支持中文  B. 平台无关  C. 语法简洁  D. 执行高效

57. 如果 Python 程序执行时,产生了"unexpected indent"的错误,其原因是(　　)。

  A. 代码中使用了错误的关键字  B. 代码中缺少":"符号

  C. 代码里的语句嵌套层次太多  D. 代码中出现了缩进不匹配的问题

58. 以下关于 Python 程序语法元素的描述,错误的选项是(　　)。

  A. 段落格式有助于提高代码可读性和可维护性

  B. 虽然 Python 支持中文变量名,但从兼容性角度考虑还是不要用中文名

  C. true 并不是 Python 的保留字

  D. 并不是所有的 if、while、def、class 语句后面都要用':'结尾

59. 表达式 'y'<'x' == False 的结果是(　　)。

  A. True   B. Error   C. None   D. False

60. 以下表达式是十六进制整数的选项是(　　)。

  A. 0b16   B. '0x61'   C. 1010   D. 0x3F

# 第 4 章

# 程序控制结构

**学习目标**

- 理解程序的基本控制结构。
- 理解分支结构,并能熟练运用各种分支语句。
- 理解循环结构,并能熟练运用 for...while 语句。
- 掌握 break...continue 语句。

## 4.1 三种控制结构

**1. 程序流程图**

程序流程图又称程序框图,是用统一规定的标准符号描述程序运行具体步骤的图形。简单来说,程序流程图就是一种描述程序流向的图形,一般由起止框、判断框、处理框、输入/输出框、注释框、流程线等元素构成。常见流程图元素及含义如表 4-1 所示。

表 4-1 常见流程图元素及含义

| 符号 | 元素 | 含义 |
| --- | --- | --- |
| ◯ | 起止框 | 表示流程图的开始或结束 |
| ◇ | 判断框 | 表示一个判断条件,并根据判断结果选择不同的执行路径 |
| ▭ | 处理框 | 表示具体某一个步骤或操作,要执行的处理过程 |
| ▱ | 输入/输出框 | 表示程序中的数据输入或数据输出 |
| ╱ | 注释框 | 表示程序的注释 |
| → | 流程线 | 表示执行的方向和顺序 |

**2. 程序控制结构**

任何复杂的算法,都可以由顺序结构、分支结构和循环结构这三种基本结构组成。顺序结构是程序按照线性顺序依次执行的一种运行方式,如图 4-1 所示;分支结构又称选择结构,是根据条件判断结果而选择不同向前执行路径的一种运行方式,具体可分为单分支、双分支、多分支如图4-2所示;循环结构又称重复结构,就是在一定条件下,重复执行某些操作的一种运行方式,如图4-3所示。

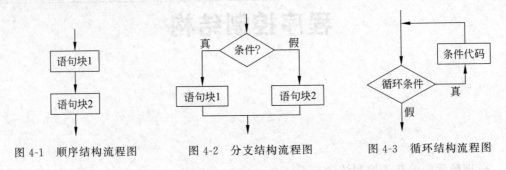

图4-1 顺序结构流程图　　图4-2 分支结构流程图　　图4-3 循环结构流程图

## 4.2 分支结构

**1. if 语句(单分支)**

单分支 if 语句的一般形式如下。

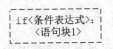

if 语句代码运行过程如图 4-4 所示。当条件表达式为真(true)时,执行语句块(statement)全部语句;当条件表达式为假(false)时,执行下一条语句块(following_statement)。特别提醒:①条件表达式后必须有冒号(:),不能缺少;②语句块 statement 必须全部退格对齐,表示条件表达式为真时,要执行的语句块;③语句块 following_statement,应该与 if 对齐,表示顺序执行的第二条语句。

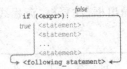

图4-4 if语句代码
　　　 运行过程

常见用法实例(资源包:PythonCode\04-01.ipynb)如下。

```
In [4]:  a=10
         b=20
         if a<b:
             print("a 的值小于 b 的值")
         print("继续下一条语句")
a 的值小于 b 的值
继续下一条语句

In [5]:  a=50
         b=20
         if a<b:
             print("a 的值小于 b 的值")
         print("继续下一条语句")
继续下一条语句
```

## 2. if-else 语句（二分支）

二分支 if-else 语句的一般形式如下。

```
if<条件表达式>
    <语句块1>
else:
    <语句块1>
```

当条件表达式为真时，执行语句块 1；当条件表达式为假时，执行语句块 2。常见用法实例（资源包：PythonCode\04-01.ipynb）如下。

```
In [8]:  ##输入用户密码是否正确？
         password=input("输入密码:")
         if password =="123":
             print("密码正确")
         else:
             print("密码错误")
```
输入密码:1234
密码错误

```
In [13]:  #输入三角形 3 条边长,计算三角形的面积
          #提示:1) 先判断是否构成三角形 2)利用海伦公式计算
          a,b,c =float(input()), float(input()), float(input())
          if a+b>c and a+c>b and b+c>a:
              p=a+b+c
              area=(p * (p-a) * (p-b) * (p-c))**0.5
              print("三角形的面积:{}".format(area))
          else:
              print("不能构成三角形")
```
5
7
4
三角形的面积:137.8695035169127

## 3. if-elif-else 语句（多分支）

多分支 if-elif-else 语句的一般形式如下。

```
if<条件表达式1>:
    <语句块1>
elif<条件表达式2>:
    <语句块2>
elif<条件表达式3>:
    <语句块3>
...
else:
    <语句块n>
```

执行过程说明：①首先判断条件表达式 1，如果为真，执行语句块 1，然后结束整个选择结构语句；②如果条件表达式 1 为假，继续判断条件表达式 2，若表达式 2 为真，执行语句块 2，结束整个选择结构语句，否则继续往下判断其他表达式；③若所有表达式值都为假，则执行最后一个语句块 n。常见用法实例（资源包：PythonCode\04-01.ipynb）如下。

```
In [14]: #任务:用户输入成绩,输出该成绩相应的等级。
         #成绩等级划分原则:0~100分为有效成绩,90分以上为优秀,80~90分为良好,
         #70~80分为中等,60~70分为及格,60分以下为不及格。
         grade=float(input("请输入学生成绩:"))
         if (grade<0 or grade >100):
             print("成绩无效")
             grade=float(input("请重新输入学生成绩(0~100):"))
         if grade>=90:
             print("{}成绩为:{}".format(grade,"优秀"))
         elif grade>=80:
             print("{}成绩为:{}".format(grade,"良好"))
         elif grade>=70:
             print("{}成绩为:{}".format(grade,"中等"))
         elif grade>=60:
             print("{}成绩为:{}".format(grade,"及格"))
         else:
             print("{}成绩为:{}".format(grade,"不及格"))
请输入学生成绩:56
56.0 成绩为:不及格
```

## 4.3 循环结构

循环是指在满足一定条件的情况下,重复执行一组语句的结构。Python 中的循环语句有 for 和 while。

**1. 无限循环 while**

while 循环一般形式如下。

```
while<条件表达式>:
    <语句块1>
```

特别提醒:①冒号(:)不能缺少;②语句块必须全部对齐"缩进";③条件表达式永远不为 false 来实现无限循环。常见用法实例(资源包:PythonCode\04-02.ipynb)如下。

```
In [4]: #使用 while 语句计算 1 到 100 的总和
        n=100
        s=0
        i=1
        while i <=n:
            s=s+i
            i=i+1
        print("1 到{}之和为:{}".format(n,s))
1 到 100 之和为:5050
```

如果 while 后面的条件语句为 false 时,则执行 else 的语句块,这是 while 语句的另一种模式,其形式如下。

```
if<条件表达式>:
    <语句块1>
else:
    <语句块2>
```

常见用法实例（资源包：PythonCode\04-02.ipynb）如下。

```
In [3]: counter = 0
        while counter < 3:
            print (counter, " 小于 3")
            counter = counter + 1
        else:
            print (counter, " 大于或等于 3")
0 小于 3
1 小于 3
2 小于 3
3 大于或等于 3
```

**2. 遍历循环 for**

for 循环一般形式如下。

```
for <循环变量> in <序列>:
    <循环体语句块>
```

或

```
for <循环变量> in <序列>:
    <循环体语句块1>
else:
    <循环体语句块2>
```

常见用法实例（资源包：PythonCode\04-03.ipynb）如下。

```
In [1]: for ch in "python":
            print(ch)
p
y
t
h
o
n
```

```
In [2]: #使用 for 语句计算 1 到 100 的总和
        s=0
        for i in range(1,101):
            s=s+i
        print("1 到 100 的总和为：",s)
1 到 100 的总和为：5050
```

```
In [4]: for ch in "py":
            print("循环执行中:"+ch)
        else:
            print("循环正常结束")
循环执行中:p
循环执行中:y
循环正常结束
```

### 3. 循环控制 break…continue

break 语句用于跳出并结束当前的整个循环,也就是中途退出当前循环结构;continue 语句用于结束本次循环,继续下一轮循环,也就是提前进入新一轮循环。常见用法实例(资源包:PythonCode\04-04.ipynb)如下。

```
In [2]: #输出 100 以内能被 7 整除的数
print("输出 1 至 100 能被 7 整除的数:")
for num in range(1,101):
    if (num%7)!=0:
        continue
    print(num,end=" ")
```

输出 1 至 100 能被 7 整除的数:
7 14 21 28 35 42 49 56 63 70 77 84 91 98

## 4.4 实战任务

**任务 1**:输入一个年份(year),判断是否为闰年。
设计目的:掌握 if-else 语句应用。
源代码:python_task_Code\task4-1.ipynb。

**任务 2**:从键盘上输入一个字符,判断并输出它是英文字母、数字还是其他字符。
设计目的:掌握 if-elif-else 语句应用。
源代码:python_task_Code\task4-2.ipynb。

**任务 3**:计算分段函数的结果。

$$f(x)=\begin{cases} |x|, & (x<0) \\ e^x\cos x, & (0\leqslant x<15) \\ x^5, & (15\leqslant x<30) \\ (7+9x)\ln x, & (x\geqslant 30) \end{cases}$$

设计目的:①掌握 if-elif-else 语句应用;②掌握数学函数模块的导入与应用。
源代码:python_task_Code\task4-3.ipynb。

**任务 4**:求 1~n 的全部奇数之和。
设计目的:①掌握分支语句应用;②掌握循环语句 for…while 的应用。
源代码:python_task_Code\task4-4.ipynb。

**任务 5**:编写 python 程序,输出 100~200 的所有素数。
设计目的:掌握程序控制语句的综合应用。
源代码:python_task_Code\task4-5.ipynb。

## 4.5 计算机等级考试试题训练

◆ 单选题

1. 关于 Python 的分支结构,以下选项中描述错误的是(  )。

A. 分支结构使用 if 保留字

B. Python 中 if-else 语句用来形成二分支结构

C. Python 中 if-elif-else 语句描述多分支结构

D. 分支结构可以向已经执行过的语句部分跳转

2. 下面代码的输出结果是(　　)。

```
for s in "HelloWorld":
    if s=="W":
        continue
    print(s,end="")
```

   A. Hello         B. World         C. HelloWorld      D. Helloorld

3. 下面代码的输出结果是(　　)。

```
a = [[1,2,3], [4,5,6], [7,8,9]]
s = 0
for c in a:
    for j in range(3):
        s += c[j]
print(s)
```

   A. 0         B. 45         C. 24         D. 以上答案都不对

4. 关于 Python 循环结构,以下选项中描述错误的是(　　)。

A. 遍历循环中的遍历结构可以是字符串、文件、组合数据类型和 range() 函数等

B. break 用来跳出最内层 for 或者 while 循环,脱离该循环后程序从循环代码后继续执行

C. 每个 continue 语句只有能力跳出当前层次的循环

D. Python 通过 for、while 等保留字提供遍历循环和无限循环结构

5. 执行以下程序,输入 qp,输出结果是(　　)。

```
k = 0
while True:
    s = input('请输入 q 退出:')
    if s == 'q':
        k += 1
        continue
    else:
        k += 2
        break
print(k)
```

   A. 2         B. 请输入 q 退出：    C. 3         D. 1

6. 以下选项中,不是 Python 语言基本控制结构的是(　　)。

   A. 程序异常      B. 循环结构      C. 跳转结构      D. 顺序结构

7. 关于分支结构,以下选项中描述不正确的是(　　)。

A. if 语句中条件部分可以使用任何能够产生 True 和 False 的语句和函数

B. 二分支结构有一种紧凑形式,使用保留字 if 和 elif 实现

C. 多分支结构用于设置多个判断条件以及对应的多条执行路径

D. if 语句中语句块执行与否依赖于条件判断

8. 下面代码的执行结果是(　　)。

```
d = {}
for i in range(26):
    d[chr(i+ord("a"))] = chr((i+13)%26+ord("a"))
for c in "Python":
    print(d.get(c, c), end="")
```

  A. Cabugl    B. Python    C. Pabugl    D. Plguba

9. 给出如下代码。

```
while True:
    guess = eval(input())
    if guess == 0x452//2:
        break
```

作为输入能够结束程序运行的是(　　)。

  A. 553    B. 0x452    C. "0x452//2"    D. break

10. 关于 Python 循环结构，以下选项中描述错误的是(　　)。

  A. 遍历循环中的遍历结构可以是字符串、文件、组合数据类型和 range() 函数等

  B. break 用来结束当前当次语句，但不跳出当前的循环体

  C. continue 只结束本次循环

  D. Python 通过 for、while 等保留字构建循环结构

11. 给出如下代码。

```
import random
num = random.randint(1,10)
while True:
    if num >= 9:
        break
    else:
        num = random.randint(1,10)
```

以下选项中描述错误的是(　　)。

  A. 这段代码的功能是程序自动猜数字

  B. import random 代码是可以省略的

  C. while True：创建了一个永远执行的循环

  D. random.randint(1,10) 生成 [1,10] 的整数

12. 下面代码的输出结果是(　　)。

```
sum = 1.0
for num in range(1,4):
    sum += num
print(sum)
```

  A. 6    B. 7.0    C. 1.0    D. 7

13. 下面代码的输出结果是(　　)。

```
for s in "abc":
    for i in range(3):
        print(s,end="")
        if s=="c":
            break
```

  A. aaabccc    B. aaabbbc    C. abbbccc    D. aaabbbccc

14. 下面代码的输出结果是(　　)。

```
for i in range(10):
    if i%2==0:
        continue
    else:
        print(i, end=",")
```

  A. 2,4,6,8,    B. 0,2,4,6,8,    C. 0,2,4,6,8,10,    D. 1,3,5,7,9,

15. 以下程序的输出结果是(　　)。

```
for num in range(1,4):
    sum *=num
print(sum)
```

  A. 6    B. 7    C. 7.0    D. TypeError 出错

16. 以下程序的输出结果是(　　)。

```
for i in "Summer":
    if i =="m":
        break
        print(i)
```

  A. M    B. mm    C. mmer    D. 无输出

17. 以下语句执行后,a、b、c 的值是(　　)。

```
a ="watermelon"
b ="strawberry"
c ="cherry"
if a >b:
    c =a
    a =b
    b =c
```

  A. watermelon strawberry cherry    B. watermelon cherry strawberry
  C. strawberry cherry watermelon    D. strawberry watermelon watermelon

18. 以下关于 Python 的控制结构,错误的是(　　)。

  A. 每个 if 条件后要使用冒号(:)

  B. 在 Python 中,没有 switch-case 语句

  C. Python 中的 pass 是空语句,一般用作占位语句

  D. elif 可以单独使用

19. 以下代码段,不会输出 A、B、C 的选项是(　　)。

　　A. for i in range(3)：
　　　　print(chr(65+i),end=",")

　　B. for i in [0,1,2]：
　　　　print(chr(65+i),end=",")

　　C. i = 0
　　　while i < 3：
　　　　print(chr(i+65),end= ",")
　　　　i += 1
　　　　continue

　　D. i = 0
　　　while i < 3：
　　　　print(chr(i+65),end= ",")
　　　　break
　　　　i += 1

20. 以下关于循环结构的描述,错误的是(　　)。

　　A. 遍历循环使用 for (循环变量) in (循环结构)语句,其中循环结构不能是文件
　　B. 使用 range()函数可以指定 for 循环的次数
　　C. for i inrange(5)表示循环 5 次,i 的值是从 0 到 4
　　D. 用字符串做循环结构的时候,循环的次数是字符串的长度

21. 下列 Python 程序段运行的结果是(　　)。

```
x=0
for i in range(1,20,3):
    x=x+i
print(x)
```

　　A. 80　　　　　B. 190　　　　　C. 70　　　　　D. 210

22. 关于下列 Python 程序段的说法,正确的是(　　)。

```
k=1
while 1:
    k+=1
```

　　A. 存在语法错误,不能执行　　　　B. 执行 1 次
　　C. 执行无限次　　　　　　　　　　D. 执行 k 次

23. 下列 Python 程序段运行的结果是(　　)。

```
i=0
sum=0
while i<10:
    if i%2==0:
        sum+=i
    i+=2
```

```
print("sum=",sum)
```
  A. sum=17  B. sum=18  C. sum=19  D. sum=20

24. 以下关于程序控制结构描述错误的是(  )。

  A. 单分支结构是用 if 保留字判断满足一个条件,就执行相应的处理代码

  B. 二分支结构是用 if-else 根据条件的真假,执行两种处理代码

  C. 多分支结构是用 if-elif-else 处理多种可能的情况

  D. 在 Python 的程序流程图中可以用处理框表示计算的输出结果

25. ls = [1,2,3,4,5,6],以下关于循环结构的描述,错误的是(  )。

  A. 表达式 for i in range(len(ls)) 的循环次数和 for i in ls 的循环次数是一样的

  B. 表达式 for i in range(len(ls)) 的循环次数和 for i in range(0,len(ls)) 的循环次数是一样的

  C. 表达式 for i in range(len(ls)) 的循环次数和 for i in range(1,len(ls)+1) 的循环次数是一样的

  D. 表达式 for i in range(len(ls)) 和 for i in ls 的循环中 i 的值是一样的

26. 以下程序的输出结果是(  )。

```
a = 30
b = 1
if a >=10:
    a = 20
elif a>=20:
    a = 30
elif a>=30:
    b = a
else:
    b = 0
print('a={}, b={}'.format(a,b))
```

  A. a=30,b=1  B. a=30,b=30  C. a=20,b=20  D. a=20,b=1

◆ 操作题

1. 根据斐波那契数列的定义,F(0)=0,F(1)=1,F(n)=F(n-1)+F(n-2)(n>=2),输出不大于 50 的序列元素。例如,屏幕输出实例为 0、1、1、2、3……(略)。

```
//考生文件初始代码
a, b = 0, 1
while _____:
    print(a, end=',')
    a, b = _____
```

2. 循环获得用户输入,直至用户输入 Y 或者 y 字符退出程序。

```
//考生文件初始代码
while _____:
    s = input("请输入信息:")
    if _____:
        break
```

3. 请在屏幕上输出以下杨辉三角形。

```
1
1 1
1 2 1
1 3 3 1
1 4 6 4 1
1 5 10 10 5 1
1 6 15 20 15 6 1
1 7 21 35 35 21 7 1
```

```
//考生文件初始代码
a = []
for i in range(8):
    a.append([])
    for j in range(8):
        a[i].append(0)
for i in range(8):
    a[i][0] = 1
    _____
for i in range(2,8):
    for j in range(1,i):
        a[i][j] = _____
for i in range(8):
    for j in range(i+1):
        print("{:3d}".format(a[i][j]),end=" ")
    print()
```

4. 使用循环输出由星号 * 组成的实心菱形图案，如图 4-5 所示。

图 4-5　输出菱形图案

```
//考生文件初始代码
#请在...处使用一行或多行代码替换
for i in range(0,4):
    ...
for i in range(0,4):
    ...
```

# 第 5 章

# 字符串与正则表达式

**学习目标**

- 理解字符串概念,并掌握字符串常见操作方法(如创建、索引、切片等操作)。
- 理解字符串内建函数的使用方法。
- 熟练运用字符串格式化输出方法,尤其是 format() 方法。
- 了解正则表达式的概念及应用。
- 学会使用 re 模块解决字符串匹配问题。

字符串是一个有序的字符集合,是 Python 中的序列(sequence),用于存储和表示基本的文本信息,只能存放一个值,定义后不可改变。Python 中字符串用单引号(' ')、双引号对(" ")、三引号(''' ''')或(""" """)括起来的一个或多个字符表示。单引号、双引号语义没有差别,只是形式不同,但是三引号允许一个字符串跨多行,字符串中可以包含换行符、制表符以及其他特殊字符。在 Python 中,单个字符是长度为 1 的字符串。

## 5.1 字符串常用方法及应用

**1. 创建字符串**

语法格式:

Var="string"

例如,创建 str1="hello world" 的程序如下。

```
>>>str1="hello world"
>>>print(str1)
hello world
>>>
```

**2. 字符串的索引与切片**

字符串是字符的序列,可以按照单个字符或者片段索引(即切片)。Python 中有正序、反序两种索引方式,正序是从左到右,索引值从 0 开始依次增加;反序是从右到左,索引值从 −1 开始依次递减,如图 5-1 所示。

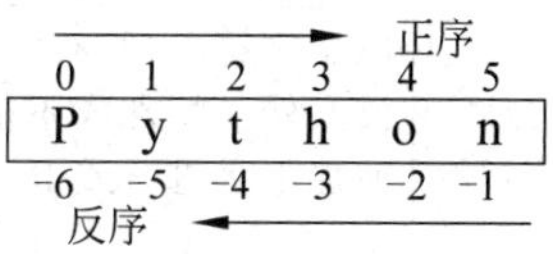

图 5-1 字符串正反序列

常见用法实例(资源包:PythonCode\05-01.ipynb)如下。

```
In [3]: str1="Python"
        print(str1)          #输出字符串
        print(str1[:])       #输出字符串中的所有字符,也就是字符串
        print(str1[1])       #输出字符串中下标为1的字符,也就是第2个字符
        print(str1[-1])      #输出字符串中下标为-1的字符,即最后个字符
        print(str1[0:5])     #输出第1个(下标为0)至第6个(下标为5)字符串,但不包含下
                              标5的字符
        print(str1[0:-1])    #输出第1个(下标为0)至倒数第1个字符(下标为-1)字符串,
                              但不包含下标-1的字符
Python
Python
y
n
Pytho
Pytho
```

特别说明,因 Python 中字符串定义后不能被改变,属于不可变数据类型,所以如果给一个字符串的某个索引位置赋值,会出现异常错误。

常见用法实例(资源包:PythonCode\05-01.ipynb)如下。

```
In [8]: str2="go"
        str2[0]="G"
---------------------------------------------------------------
TypeError                                 Traceback (most recent call last)
Input In [8], in <cell line: 2>()
      1 str2="go"
----> 2 str2[0]="G"

TypeError: 'str' object does not support item assignment
```

**3. 字符串运算符**

字符串运算符如表 5-1 所示,其中变量 a="Hello",b="Python"。

表 5-1　字符串运算符

| 操作符 | 说　　明 | 实　例 | 结　果 |
| --- | --- | --- | --- |
| + | 连接字符串 | a+b | HelloPython |
| * | 复制字符串 | a*2 | HelloHello |
| [] | 通过索引获取字符串中字符 | a[0] | H |
| [:] | 截取字符串中的一部分,遵循左闭右开 | a[1:4] | ell |
| in | 成员运算符,如果字符串中包含给定的字符,则返回 True | 'H' in a | True |
| not in | 成员运算符,如果字符串中不包含给定的字符,则返回 True | 'M'not in a | True |
| r/R | 原始字符串,所有的字符串都是直接按照字面的意思来使用,没有转义特殊或不能打印的字符,即在字符串的第一个引号前加上字母 r 或 R | Print(r'\n') | \n |
| % | 格式字符串 | | 请参考 5.3 节 |

## 5.2 字符串内建函数

Python 常见的字符串内建函数如表 5-2 所示。

表 5-2 Python 常见的字符串内建函数

| 函 数 | 说 明 | 实 例 |
|---|---|---|
| capitalize() | 将字符串的第一个字符转换为大写 | 略 |
| lower() | 转换字符串中所有大写字符为小写 | >>>str="Hello,Python">>>str.lower()<br>hello,python |
| upper() | 转换字符串中的小写字母为大写 | 略 |
| title() | 返回"标题化"的字符串,就是说所有单词都是以大写开始,其余字母均为小写(见 istitle()) | >>>str="hello,python">>>str.title()<br>Hello,Python |
| center(width,fillchar) | 返回一个指定的宽度 width 居中的字符串,fillchar 为填充的字符,默认为空格 | >>>str="python"<br>>>>str.center(20,"=")<br>====python==== |
| count(str,beg=0,end=len(string)) | 返回 str 在 string 里面出现的次数,如果 beg 或者 end 指定,则返回指定范围内 str 出现的次数 | >>>str="hello,python"<br>>>>str.count("o")<br>2 |
| find(str,beg=0,end=len(string)) | 检测 str 是否包含在字符串中,如果指定范围 beg 和 end,则检查是否包含在指定范围内;如果包含返回开始的索引值,否则返回−1 | >>>str="hello,python"<br>>>>str.find("o")<br>4<br>>>>str.find("x")<br>−1 |
| index(str,beg=0,end=len(string)) | 跟 find()方法一样,只不过如果 str 不在字符串中会报一个异常 | >>> str1="this is string example...wow!!!"<br>>>>str2="exam"<br>>>>str1.index(str2)<br>15 |
| startswith(substr,beg=0,end=len(string)) | 检查字符串是否是以指定子字符串 substr 开头,是则返回 True,否则返回 False。如果 beg 和 end 指定值,则在指定范围内检查 | >>> str="this is string example...wow!!!"<br>>>>str.startswith('is')<br>False |
| endswith(suffix,beg=0,end=len(string)) | 检查字符串是否以 obj 结束,如果 beg 或者 end 指定;则检查指定的范围内是否以 obj 结束;如果是,返回 True;否则返回 False | 略 |
| len(str) | 返回字符串长度 | >>>str="python"<br>>>>len(str)<br>6 |
| max(str) | 返回字符串 str 中最大的字母 | 略 |

续表

| 函 数 | 说 明 | 实 例 |
|---|---|---|
| min(str) | 返回字符串 str 中最小的字母 | 略 |
| split(str="", num=string.count(str)) | 以 str 为分隔符截取字符串，如果 num 有指定值，则仅截取 num+1 个子字符串，其中 str 默认值为空格，分割后返回的内容为列表类型 | >>> str="Python is an excellent language"<br>>>>str.split()<br>[Python, is, an, excellent, language] |
| strip([chars]) | 去掉字符串左、右两侧空格和特殊字符，即在字符串上执行 lstrip() 和 rstrip() | >>>str="   python   "<br>>>>str.strip()<br>python |
| replace(old, new [, max]) | 将字符串中的 old 替换成 new，如果 max 指定，则替换不超过 max 次 | >>> str="Python is an excellent language"<br>>>> str.replace('a','#')<br>Python is #n excellent l#ngu#ge |
| join(seq) | 以指定字符串作为分隔符，将 seq 中所有的元素（或字符串）合并为一个新的字符串 | >>>",".join("python")"p,y,t,h,o,n" |

## 5.3 字符串的格式化输出

字符串格式化是为了实现字符串和变量同时输出时按一定的格式显示。Python 通过使用 str.format() 方法和 % 操作符来实现格式化输出值。

**1. % 操作符**

语法格式：

"%[-][+][0][m][.n]格式化字符" % exp

这是早期 python 提供的方法，常见格式化字符如表 5-3 所示。

表 5-3  常见格式化字符

| 符 号 | 说 明 | 符 号 | 说 明 |
|---|---|---|---|
| %c | 格式化字符及其 ASCII 码 | * | 定义宽度或者小数点精度 |
| %s | 格式化字符串 | − | 用作左对齐 |
| %d | 格式化整数 | + | 在正数前面显示加号(+) |
| %u | 格式化无符号整型 | \<sp\> | 在正数前面显示空格 |
| %o | 格式化无符号八进制数 | # | 在八进制数前面显示零('0')，在十六制前面显示'0x'或者'0X'（取决于用的是'x'还是'X'） |
| %x | 格式化无符号十六进制数 | 0 | 显示的数字前面填充'0'而不是默认的空格 |

续表

| 符号 | 说明 | 符号 | 说明 |
|---|---|---|---|
| %X | 格式化无符号十六进制数(大写) | % | 显示百分比(默认小数点后6位) |
| %f | 格式化浮点数字,可指定小数点后的精度 | (var) | 映射变量(字典参数) |
| %e 或 %E | 用科学计数法格式化浮点数 | m.n | m 是显示的最小总宽度,n 是小数点后的位数(如果可用的话) |
| %g 或 %G | %f 和 %e 的简写 | | |
| %p | 用十六进制数格式化变量的地址 | | |

常见用法实例(资源包：PythonCode\05-02.ipynb)如下。

In [1]: template="编号:%06d\t 公司名称:%s\t 官网:http://www.%s.com"
context=(8,"百度","baidu")
print(template%context)
编号:000008　　公司名称:百度　　官网:http://www.baidu.com

### 2. str.format()方法
语法格式：

"<模板字符串>".format(<逗号分隔的参数>)

模板字符串是一个由字符串和槽组成的字符串,槽用大括号({})表示,对应 format()方法中的逗号分隔的参数。format()方法中参数按{}中的序号替换到模板字符串的对应位置。{}中的默认序号为0、1、2、…,参数从0开始,参数的顺序固定为0、1、2、…,如果{}中没有指定序号,就按顺序自动替换。

常见用法实例(资源包：PythonCode\05-02.ipynb)如下。

In [2]: pi=3.14
print("圆周率的近似值为:{}。".format(pi))
圆周率的近似值为:3.14。

In [3]: print("姓名:{},年龄:{}".format("李明",20))
print("姓名:{1},年龄:{0}".format(20,"李明"))
姓名:李明,年龄:20
姓名:李明,年龄:20

In [4]: print("姓名:{name},年龄:{age}".format(name="王杰",age=21))
姓名:王杰,年龄:21

format()的槽({})除了参数序号,还包括格式控制信息,语法格式如下。

{<参数序号>:格式控制标记}

^、<、>分别是居中、左对齐、右对齐,后面带宽度;:号后面带填充的字符,只能是一个字符,不指定则默认用空格填充;+表示在正数前显示+,负数前显示-;空格表示在正数前

加空格;b、d、o、x 分别是二进制、十进制、八进制、十六进制。

常见用法实例(资源包:PythonCode\05-02.ipynb)如下。

```
In [12]: s="python"
         print("{:20}".format(s))       #左对齐,默认
         print("{:>20}".format(s))      #右对齐
         print("{:*^20}".format(s))     #居中对齐且填充*号
python
                python
*******python*******
```

```
In [13]: s="python"
         y="-"
         z="^"
         print("{0:{1}{3}{2}}".format(s,y,20,z))#填充字符,对齐和宽度的变量:s,
         y,z,20
-------python-------
```

```
In [16]: s="全国计算机等级考试"
         print("{:.5}".format(s))              #输出字符串前5位
         print("{:2f}".format(3.1415926))      #输出小数点后2位
         print("{:x}".format(1010))            #输出十六进制形式整数
全国计算机
3.141593
3f2
```

## \*5.4　正则表达式基础

正则表达式(regular expression,regexp 或 RE),又称正规表达式、规则表达式,是一种特殊的字符序列,用于检查一个字符串是否与某种模式(pattern)匹配。正则表达式通常都包含反斜杠等转义字符,所以使用时最好用原始字符串(raw string),表示为:r'\text'(如 r'\t',等价于\\t)。

需要在字符中使用特殊字符时,Python 用反斜杠 \ 转义字符,常见的特殊转义字符如表 5-4 所示。

表 5-4　常见的特殊转义字符

| 转义字符 | 描述 | 实例 |
| --- | --- | --- |
| \(在行尾时) | 续行符 | >>> print("line1\<br>line2")<br>line1  line2 |
| \\ | 反斜杠符号 | >>> print("\\")<br>\<br>>>> print("\")<br>SyntaxError:EOL while scanning string literal |

续表

| 转义字符 | 描 述 | 实 例 |
|---|---|---|
| \' | 单引号 | >>> print("\'")<br>' |
| \" | 双引号 | >>> print("\"")<br>" |
| \b | 退格(Backspace) | In [4]: print("hello \bworld")<br>helloworld |
| \n | 换行 | >>> print("hello\nworld")<br>hello<br>world |
| \t | 横向制表符 | >>> print("hello\tworld")<br>hello    world |
| \x | 十六进制数代表符 | >>> print("\x61")<br>a |

在 Python 中,使用正则表达式时,是将其作为模式字符串使用的,例如,匹配字母的一个字符的正则表达式可表示为:[a-zA-Z]。正则表达式常用字符及其含义如表 5-5 所示。

表 5-5　正则表达式常用字符及其含义

| 符号 | 含 义 | 实 例 | 匹配结果 |
|---|---|---|---|
| ^ | 匹配字符串的开头 | ^a | apple;aply |
| $ | 匹配字符串的末尾 | ant $ | Ant;ant;...t |
| * | 匹配前一个字符任意次(包括0) | abc * | ab;abc;abcc... |
| + | 匹配前一个字符至少1次 | a+b+ | aabb;abbb;aaab |
| ? | 匹配前一个字符至0次或1次 | ab? | a;ab |
| {m} | 匹配前一个字符 m 次 | ab{2}c | abbc |
| {m,n} | 匹配前一个字符 m 至 n 次 | go{2,5}gle | Google;gooogle |
| . | 匹配除换行符\n 以外的任意字符 | b.d | bad;b3d;b#d |
| [] | 匹配括号内任意一个字符 | [ant];[a-z] | a/n/t;a~z 任何字符 |
| [^] | 匹配任意一个不在括号内的字符 | [^ant] | 除 ant 之外的字符 |
| \ | 转义字符,把后面特殊意义的字符按原样输出 | \\ant | \ant |
| () | 标记一个子表达式的开始和结束位置,()内的表达式优先运行 | (ant){2} | antant |
| ?! | 不包含,表示这些字符串不能出现 | ^(?![A-Z].) * $ | 除大写字母以外的所有字母字符均可:<br>nu-here;&.hu28-@ |
| \| | 匹配任意由\|分割的部分 | b(i\|ir\|a)d | bid;bird;bad |

续表

| 符号 | 含 义 | 实 例 | 匹配结果 |
|---|---|---|---|
| \d | 匹配一位数字 | ant\d | ant8;ant0 |
| \D | 匹配一位非数字 | ant\D | ants |
| \w | 匹配字母、数字、下画线、汉字等 | \w | 3;a;A |
| \W | 匹配非数字字母下画线,同[^\w] | a\w\ca | a c |
| \A | 仅匹配字符串开头 | \Aant | ant |
| \Z | 仅匹配字符串结尾 | ant\Z | ant |
| \s | 匹配任意空白字符 | a\snt | a nt |
| \S | 匹配任意非空白字符 | a\Snt | amnt |

## *5.5 使用 re 模块实现正则表达式操作

Python 中正则表达式的模块通常叫 re,利用 import re 来导入,它是一种用来匹配的字符串,其设计思想是用一种描述性的语言来给字符串定义一个规则。下面介绍 re 模块的主要功能函数含义及使用方法。

**1. re.compile()函数**

功能:编译正则表达式模式,生成一个正则表达式(pattern)对象,返回一个对象,供 match()和 search()这两个函数使用。

语法格式:

re.complie(pattern[,flags=0])

其中,pattern:一个字符串形式的正则表达式;flags:可选,表示匹配模式,比如忽略大小写,多行模式等。

此函数用法示例代码(资源包:PythonCode\05-03.ipynb)如下。

```
In [1]: import re
        content ="Citizens wan5, always fall in love with neighbour,WAN?"
        rr=re.compile(r'wan',re.I) #re.I 不区分大小写 #wang,wan8,wanG,
        print(type(rr))
        <class 're.Pattern'>
In [2]: a=rr.findall(content)
        print(a)
        ['wan', 'WAN']
```

**2. re.match()函数**

功能:从字符串的起始位置匹配一个模式,若匹配成功,则返回一个匹配的对象;否则返回 None。

语法格式：

re.match(pattern,string,flags=0)

其中，pattern：匹配的正则表达式；string：要匹配的字符串；flags：标志位，用于控制正则表达式的匹配方式，比如是否区分大小写，多行匹配等。可以使用 group(num)或 groups()匹配对象函数来获取匹配表达式。

此函数用法示例代码（资源包：PythonCode\05-03.ipynb）如下。

```
In [13]: import re
         print(re.match('www', 'www.runoob.com').span())  #在起始位置匹配
         print(re.match('com', 'www.runoob.com'))         #不在起始位置匹配
         print(re.match('www', 'www.runoob.com').group())
         (0, 3)
         None
         www
```

### 3. re.search()函数

功能：扫描整个字符串并返回第一个成功的匹配，匹配成功则返回一个匹配的对象，否则返回 None。

语法格式：

re.search(pattern,string,flags=0)

参数说明略，同上。

此函数用法示例代码（资源包：PythonCode\05-03.ipynb）如下。

```
In [14]: import re
         print(re.search('dog', 'dog rat dog').span())    #在起始位置匹配
         print(re.search('rat', 'dog rat dog').span())    #不在起始位置匹配
         print(re.search('rat', 'dog rat dog').group())
         (0, 3)
         (4, 7)
         rat
```

### 4. re.sub()函数

功能：用于替换字符串中的匹配项。

语法格式：

re.sub(pattern, replace, string, count=0, flags=0)

其中，pattern：匹配的正则表达式；replace：替换的字符串；string：目标字符串；count：模式匹配后替换的最大次数，默认 0 表示替换所有的匹配；flags：编译时用的匹配模式。

此函数用法示例代码（资源包：PythonCode\05-03.ipynb）如下。

```
In [21]: s="I have a dog , you have a dog,he have a dog"
         re.sub(r'dog','cat',s) #全部替换
Out[21]: 'I have a cat , you have a cat,he have a cat'
```

```
In [22]: re.sub(r'dog','cat',s,2) #替换两次,最后 dog 未替换
Out[22]: 'I have a cat , you have a cat,he have a dog'
```

#### 5. re.findall()函数

功能：在字符串中找到正则表达式所匹配的所有子串,并返回一个列表,如果有多个匹配模式,则返回列表,如果没有找到匹配的,则返回空列表。

语法格式：

re.findall(pattern, string, flags=0)

参数说明略,同上。注意：match 和 search 是匹配一次,而 findall 是匹配所有。
此函数用法示例代码(资源包：PythonCode\05-03.ipynb)如下。

```
In [24]: re.findall(r'dog','dog rat dog')
Out[24]: ['dog','dog']

In [25]: re.findall(r'rat','dog rat dog')
Out[25]: ['rat']
```

## 5.6 实 战 任 务

**任务1**：从键盘输入一个3位整数,分离出它的个位、十位和百位,并在屏幕上分别用%和{}.format 格式化输出。

设计目的：掌握%和 str.format()输出方法应用。

源代码：python_task_Code\task5-1.ipynb。

**任务2**：编写 python 程序,输入一个字符串,分别顺序、逆序输出。

设计目的：①字符串索引；②字符串遍历操作；③循环结构的应用。

源代码：python_task_Code\task5-2.ipynb。

**任务3**：输入字符串,对其进行大小写转换。

设计目的：字符串函数的使用。

源代码：python_task_Code\task5-3.ipynb。

**任务4**：判断 QQ 号码是否正确(QQ 号为 5~10 位,不能以 0 开头,且必须是数字)。

设计目的：正则表达式的应用,或者字符串函数的使用。

源代码：python_task_Code\task5-4.ipynb。

## 5.7 计算机等级考试试题训练

◆ 单选题

1. 以下关于 Python 字符串的描述中,错误的是(　　)。

　　A. 字符串是字符的序列,可以按照单个字符或者字符片段进行索引

　　B. 字符串包括两种序号体系：正向递增和反向递减

　　C. Python 字符串提供区间访问方式,采用[N:M]格式,表示字符串中从 N 到 M 的

索引子字符串(包含 N 和 M)

D. 字符串是用一对双引号" "或者单引号' '括起来的零个或者多个字符

2. 关于 Python 字符串,以下选项中描述错误的是(　　)。

A. 可以使用 datatype() 测试字符串的类型

B. 输出带有引号的字符串,可以使用转义字符\

C. 字符串是一个字符序列,字符串中的编号叫"索引"

D. 字符串可以保存在变量中,也可以单独存在

3. 下面代码的输出结果是(　　)。

```
a =1000000
b ="-"
print("{0:{2}^{1},}\n{0:{2}>{1},}\n{0:{2}<{1},}".format(a,30,b))
```

A. 1,000,000---------------------
　　　---------------------1,000,000
　　　　---------1,000,000----------

B. ------------------1,000,000
　　1,000,000--------------------
　　　　　---------1,000,000----------

C. ------------------1,000,000
　　　---------1,000,000----------
　　　　1,000,000--------------------

D. ---------1,000,000----------
　　　------------------1,000,000
　　　　1,000,000--------------------

4. 下面代码的执行结果是(　　)。

```
a ="Python等级考试"
b ="="
c =">"
print("{0:{1}{3}{2}}".format(a, b, 25, c))
```

A. Python等级考试=================
B. >>>>>>>>>>>>>>>>>Python等级考试
C. Python等级考试=================
D. =================Python等级考试

5. 给出如下代码。

```
TempStr ="Hello World"
```

以下选项中可以输出"World"子串的是(　　)。

A. print(TempStr[-5:-1])　　　　B. print(TempStr[-5:0])

C. print(TempStr[-4:-1])　　　　D. print(TempStr[-5:])

6. 如果 name = "全国计算机等级考试二级 Python",以下选项中输出错误的是(　　)。

A. >>>print(name[:])全国计算机等级考试二级 Python

B. >>> print(name[11:])　Python

C. >>> print(name[:11])全国计算机等级考试二级

D. >>> print(name[0],name[8],name[-1]) 全试

7. 下列程序的运行结果是(　　)。

```
>>>s ='PYTHON'
>>>"{0:3}".format(s)
```

  A. 'PYTH'   B. 'PYTHON'  C. ' PYTHON'  D. 'PYT'

8. 下面代码的输出结果是(　　)。

name ="Python语言程序设计"　　print(name[2:-2])

  A. thon语言程序      B. thon语言程序设

  C. ython语言程序      D. ython语言程序设

9. 下面代码的输出结果是(　　)。

```
weekstr ="星期一星期二星期三星期四星期五星期六星期日"
weekid =3
print(weekstr[weekid * 3: weekid * 3+3])
```

  A. 星期二  B. 星期三  C. 星期四  D. 星期一

10. 以下程序的输出结果是(　　)。

```
s1 ="企鹅"
s2 ="超级游泳健将"
print("{0:^4}:{1:!<9}".format(s1,s2))
```

  A. 企鹅:超级游泳健将!!!   B. 企鹅 :超级游泳健将!!!

  C. 企鹅 :!超级游泳健将!!   D. 企鹅 :超级游泳健将!!!

11. str ="Python语言程序设计",表达式 str.isnumeric()的结果是(　　)。

  A. True  B. 1  C. 0  D. False

12. 以下程序的输出结果是(　　)。

```
s1 ="袋鼠"
print("{0}生活在主要由母{0}和小{0}组成的较小的群体里。".format(s1))
```

  A. TypeError:tuple index out of range

  B. {0}生活在主要由母{0}和小{0}组成的较小的群体里

  C. IndexError:tuple index out of range

  D. 袋鼠生活在主要由母袋鼠和小袋鼠组成的较小的群体里

13. 运行以下程序,输出结果是(　　)。

```
str1 ="Nanjing University"
str2 =str1[:7] +" Normal " +str1[-10:]
print(str2)
```

  A. Normal U      B. Nanjing Normal

C. Normal University  D. Nanjing Normal University

14. 运行以下程序,输出结果是(　　)。

```
print(" love ".join(["Everyday","Yourself","Python",]))
```

    A. Everyday love Yourself     B. Everyday love Python
    C. love Yourself love Python     D. Everyday love Yourself love Python

15. 同时去掉字符串左边和右边空格的函数是(　　)。

    A. center()     B. count()     C. fomat()     D. strip()

16. s = " Python",能够显示输出 Python 的选项是(　　)。

    A. print(s[0：-1])     B. print(s[-1：0])
    C. print(s[：6])     D. print(s[：])

17. 字符串 s = "I love Python",以下程序的输出结果是(　　)。

```
s = "I love Python"
ls = s.split()
ls.reverse()
print(ls)
```

    A. 'Python', 'love', 'I'     B. Python love I
    C. None     D. ['Python', 'love', 'I']

18. 以下程序的输出结果是(　　)。

```
j = ''
for i in "12345":
    j += i + ','
print(j)
```

    A. 1,2,3,4,5     B. 12345     C. '1,2,3,4,5,'     D. 1,2,3,4,5,

19. 以下关于字符串类型的操作的描述,错误的是(　　)。

    A. str.replace(x,y)方法把字符串 str 中所有的 x 子串都替换成 y
    B. 想把一个字符串 str 所有的字符都大写,用 str.upper()
    C. 想获取字符串 str 的长度,用字符串处理函数 str.len()
    D. 设 x = 'aa',则执行 x * 3 的结果是'aaaaaa'

20. 设 str = 'python',想把字符串的第一个字母大写,其他字母还是小写,正确的选项是(　　)。

    A. print(str[0].upper()+str[1：])
    B. print(str[1].upper()+str[-1：1])
    C. print(str[0].upper()+str[1：-1])
    D. print(str[1].upper()+str[2：])

21. 执行以下程序,输入"93python22",输出结果是(　　)。

```
w = input('请输入数字和字母构成的字符串:')
for x in w:
    if '0'<=x<='9':
        continue
```

```
        else:
            w.replace(x,'')
print(w)
```

A. python9322　　B. python　　　C. 93python22　　D. 9322

◆ 操作题

1. 输入字符串 s，按要求把 s 输出到屏幕。格式要求：宽度为 30 个字符，星号字符 * 填充，居中对齐。如果输入字符串超过 30 位，则全部输出。

```
//考生文件初始代码
s = input("请输入一个字符串:")
print("{_____}".format(s))
```

2. 输入正整数 n，把 n 输出到屏幕。格式要求：宽度为 30 个字符，@填充，右对齐，带千位分隔符。若输入正整数超 30 位，则真实长度输出。例如，输入正整数 n 为 5201314，屏幕输出@@@@@@@@@@@@@@@@@@@@@@5,201,314。

```
//考生文件初始代码
n = eval(input("请输入正整数:"))
print("{_____}".format(n))
```

3. 输入一个有十进制的数字保存在变量 s 中，转换为二进制数输出显示在屏幕上，例如，输入一个十进制数 25，转换成二进制数是 11001。

```
//考生文件初始代码
s = input("请输入一个十进制数:")
num = _____
print("转换成二进制数是:{_____}".format(_____))
```

4. 输入下面的绕口令，将其中出现的字符"兵"，全部替换为"将"，输出替换后的字符串。

八百标兵奔北坡,炮兵并排北边跑,炮兵怕把标兵碰,标兵怕碰炮兵炮。八了百了标了兵了奔了北了坡,把了标了兵了碰,标了兵了怕了碰了炮了兵了炮。

```
//考生文件初始代码
s = input("请输入绕口令:")
print(s._____("兵","将"))
```

5. 接收用户输入的一个小于 20 的正整数，在屏幕上逐行递增显示，即从 01 到该正整数，数字显示的宽度为 2，不足位置补 0，后面追加一个空格，然后显示'>'号，'>'号的个数等于行首数字。例如，输入为 2，则输出为

```
01>
02>>
//考生文件初始代码
n = input('请输入一个正整数:')
for i in range(_____):
    print('_____'.format(i, _____))
```

6. 让用户输入一串数字和字母混合的数据，然后统计其中数字和字母的个数，显示在屏幕上。例如，输入为 fda243fdw3；输出数字个数为 4，字母个数为 6。

```
//考生文件初始代码
ns = input("请输入一串数据:")
dnum, dchr = _____
for i in ns:
    if i.isnumeric():
        dnum += _____
    elif i.isalpha():
        dchr += _____
    else:
        pass
print('数字个数:{},字母个数:{}'.format(_____))
```

7. 输入正整数 n,按要求把 n 输出到屏幕。格式要求:宽度为 14 个字符,数字中间对齐,不足部分用＝填充。例如,输入正整数 n 为 1234,屏幕输出＝＝＝＝＝1234＝＝＝＝＝。

```
//考生文件初始代码
n = eval(input("请输入正整数:"))
print("{_____}".format(n))
```

# 第 6 章

# 组合数据类型

**学习目标**

- 理解四种组合数据类型(列表、元组、集合、字典)概念。
- 掌握操作组合数据类型的访问方法,尤其是索引和切片。
- 会使用四种数据类型的操作函数和操作方法。
- 重点掌握列表和字典的访问方法和操作方法。

Python 中列表(list)、元组(tuple)、集合(set)、字典(dictionary)都属于序列(sequence),是 Python 中最基本的数据结构。序列是指按照一定顺序排列的一列数据,每一个值(称为元素)都分配一个顺序号,称为位置或索引(index)。从起始元素开始,索引值从 0 开始编号,持续递增,即下标 0 表示第一个元素,下标为 1 表示第二个元素,以此类推,如图 6-1 所示。

| 元素1 | 元素2 | 元素3 | 元素4 | 元素… | 元素n |
|---|---|---|---|---|---|
| 0 | 1 | 2 | 3 | … | n-1 |

索引(下标)

图 6-1 正索引示意图

在 Python 中,不仅有正数序列索引,还有负数序列索引。负数序列索引是从右向左计数,也就是说从最后一个元素开始,索引值从 -1 开始递减,即最后一个元素的索引值为 -1,而倒数第二个为 -2,以此类推,如图 6-2 所示。

| 元素1 | 元素2 | 元素3 | 元素… | 元素n-1 | 元素n |
|---|---|---|---|---|---|
| -n | -(n-1) | -(n-2) | … | -2 | -1 |

索引(下标)

图 6-2 负索引示意图

## 6.1 列 表

**1. 列表的定义**

Python 中的列表由一系列按特定顺序排列的元素组成,列表元素写在中括号"[ ]"内,两个相邻元素使用逗号","分隔。列表没有长度限制,元素类型可以不同。列表类型用中括号表示,也可通过 list() 函数将集合或字符串类型转换为列表。常见用法实例(资源包:

PythonCode\06-01.ipynb）如下。

```
In [ ]:  ls1=["a","b","c"] #定义列表
         print(type(ls1))
         print(ls1)

In [6]:  ls2=[1010,"1010",[10,20,"0"]] #列表作为一个元素的情形
         print(ls2)
[1010, '1010', [10, 20, '0']]
```

### 2. 列表的访问

索引是列表的基本操作，用于获取列表中的一个元素。切片也是列表的基本操作，用于获得列表的一个片段。切片有两种使用方式：列表名[N:M]或列表名[N:M:K]。列表名[N:M]表示获取列表从 N 到 M（不包含 M）索引序号的元素组成的新列表。列表名[N:M:K]表示获取从 N 到 M（不包含 M）以 K 为步长所对应的索引序号的元素组成的新列表。常见用法实例（资源包：PythonCode\06-01.ipynb）如下。

```
In [10]: ls3=[1010,"1010",[1010,"1010"],1010]
         print(ls3[1])         #正索引
         print(ls3[-2])        #负索引
1010
[1010, '1010']

In [11]: print(ls3[1:4])
         print(ls3[-1:-3])     #-1大于-3，返回空列表
         print(ls3[0:4:2])     #步长为2
['1010', [1010, '1010'], 1010]
[]
[1010, [1010, '1010']]
```

### 3. 列表的操作函数

在函数操作中，列表对象作为函数的参数使用。列表常用函数如表 6-1 所示。

表 6-1 列表常用函数

| 函　　数 | 说　　明 |
| --- | --- |
| len(list) | 返回列表 list 元素的个数，即列表长度 |
| max(list) | 返回列表 list 元素的最大值 |
| min(list) | 返回列表 list 元素的最小值 |
| sum(list[,start]) | 返回列表 list 元素的和，其中 start 用于指定统计结果的开始位置，是可选参数，默认为 0 |
| sorted(list,key=None, reverse=False) | 对列表 list 元素进行排序，同时会建立一个新副本，原列表元素顺序不会改变。其中，key 用于指定排序规则，reverse 为可选参数，如果为 True，表示降序排列；否则为 False，表示升序 |
| reversed(list) | 返回一个对列表进行翻转操作后的迭代器，需要用 list() 函数转换为列表。该函数不会改变原来列表顺序 |

续表

| 函　数 | 说　　明 |
| --- | --- |
| str(list) | 将列表 list 转换为字符串 |
| list(seq) | 将元组 seq 转换为列表 |
| enumerate(list) | 将列表 list 组合为索引列表,多应用于 for 循环语句中 |

常见用法实例(资源包：PythonCode\06-01.ipynb)如下。

```
In [27]: listb=[100,80,90,50]
         print(len(listb))                  #长度为 4
         print(max(listb))                  #最大值为 100
         print(min(listb))                  #最小值为 50
         print(sum(listb))                  #元素总和为 320
         print(reversed(listb))             #逆序迭代器
         print(list(reversed(listb)))       #逆序列表
         print(sorted(listb))               #排序列表,但不改变原来列表
         print(listb)                       #原来的列表顺序
         listb.sort()                       #排序列表,改变原来列表顺序
         print(listb)                       #已经改变列表顺序
4
100
50
320
<list_reverseiterator object at 0x0000000009B390D0>
[50, 90, 80, 100]
[50, 80, 90, 100]
[100, 80, 90, 50]
[50, 80, 90, 100]
```

**4. 列表的操作方法**

在列表操作中,列表作为对象的操作方法常采用：列表名.方法名()的形式调用。列表常用操作方法如表 6-2 所示。

表 6-2　列表常用操作方法

| 函　数 | 说　　明 |
| --- | --- |
| list.append(obj) | 在列表末尾添加新的对象 obj |
| list.extend(seq) | 在列表末尾一次性追加另一个序列中的多个值(用新列表扩展原来的列表) |
| list.insert(index, obj) | 在列表 list 的第 index 项位置插入新元素 obj |
| list.index(obj) | 从列表中找出 obj 值第一个匹配项的索引位置 |
| list.count(obj) | 统计 obj 元素在列表中出现的次数 |
| list.pop([index=-1]) | 移除列表中的第 index 个元素(默认最后一个元素),并且返回该元素的值 |
| list.remove(obj) | 移除列表中 obj 值的第一个匹配项 |

续表

| 函 数 | 说 明 |
|---|---|
| list.clear() | 清空列表 |
| list.reverse() | 反向列表中元素 |
| list.sort(key=None, reverse=False) | 对列表 list 进行排序,而且会改变原列表的排列顺序 |

常见用法实例(资源包:PythonCode\06-01.ipynb)如下。

```
In [17]: lista=['math','hello',2022,2.5]
         lista.append('python')
         print(lista) #输出:['math', 'hello', 2022, 2.5, 'python']
         lista.extend([2018,'c'])
         print(lista)#输出:['math', 'hello', 2022, 2.5, 'python', 2018, 'c']
         lista.insert(1,'english')
         print(lista)#输出:['math', 'english', 'hello', 2022, 2.5, 'python', 2018, 'c']
         lista.pop()
         print(lista)#输出:['math', 'english', 'hello', 2022, 2.5, 'python', 2018]
         print(lista.index(2022))#索引位置为:3
         print(lista.count(2022))#统计个数为:1
         lista.remove(2.5)
         print(lista)#输出:['math', 'english', 'hello', 2022, 'python', 2018]
['math', 'hello', 2022, 2.5, 'python']
['math', 'hello', 2022, 2.5, 'python', 2018, 'c']
['math', 'english', 'hello', 2022, 2.5, 'python', 2018, 'c']
['math', 'english', 'hello', 2022, 2.5, 'python', 2018]
3
1
['math', 'english', 'hello', 2022, 'python', 2018]
```

**5. 列表操作符**

列表操作符如表 6-3 所示。

表 6-3 列表操作符

| 操作符 | 表 达 式 | 结 果 | 说 明 |
|---|---|---|---|
| + | [1,2,3]+[4,5] | [1,2,3,4,5] | 组合 |
| * | ['hi'] * 3 | ['hi','hi','hi'] | 重复 |
| in | 3 in [1,2,3] | True | 元素是否存在于列表 |

## 6.2 元 组

元组和列表一样,也是一种元素序列。元组是不可变的,元组存储的值不能被修改,不能添加或删除元素。元组中除没有 append()、extend() 和 insert() 等方法,其他与列表的函数和方法一样。

**1. 元组的定义**

元组通常是指由逗号(,)分隔,写在小括号(())内的一个序列,和列表用中括号([])不同。元组的基本语法格式为:变量名=(元素1,元素2,…,元素n)。常见用法实例(资源包:PythonCode\06-02.ipynb)如下。

```
In [12]: t1=(1,2,3)
         t2=("Python","C","C++","Java")
         t3=()
         t4=("a",)       #元组包含一个元素时,需要在元素后面添加逗号","
         t5=("a")        #不加逗号,类型为字符串
         print(t1)
         print(t2)
         print(t3)
         print(t4)
         print(t5)
(1, 2, 3)
('Python', 'C', 'C++', 'Java')
()
('a',)
a
```

**2. 元组的访问**

元组内元素的访问和切片与列表类似。元组只能读,不能修改,但是可以用del键删除整个元组。元组通过单个索引,可以获得索引位置的元素;通过切片,可以得到由多个元素构成的子元组。常见用法实例(资源包:PythonCode\06-02.ipynb)如下。

```
In [16]: tup1 = ('Google', 'Runoob', 1997, 2000)
         tup2 = (1, 2, 3, 4, 5, 6, 7 )
         print (tup1[0])
         print (tup2[1:5])
         tup2[0]=10    #元组不能被修改
         print(tup2[0])
Google
(2, 3, 4, 5)
---------------------------------------------------------
TypeError                     Traceback (most recent call last)
Input In [11], in <cell line: 5>()
      3 print (tup1[0])
      4 print (tup2[1:5])
----> 5 tup2[0]=10    #元组不能被修改
      6 print(tup2[0])

TypeError: 'tuple' object does not support item assignment
```

**3. 元组的操作函数**

在函数操作中,元组对象作为函数的参数使用。元组常用函数如表6-4所示。

表 6-4 元组常用函数

| 函　　数 | 说　　明 |
| --- | --- |
| len(tuple) | 返回元组 tuple 元素的个数,即元组长度 |
| max(tuple) | 返回元组 tuple 元素的最大值 |
| min(tuple) | 返回元组 tuple 元素的最小值 |
| sum(tuple) | 返回元组 tuple 元素的和 |
| tuple(seq) | 将序列转换为元组类型 |
| sorted(tuple) | 将元组的元素进行排序 |

**4. 元组的操作方法**

虽然元组的元素不能修改,但可以用删除元组名的方式来删除整个元组。列表的函数和方法中,除 append()、extend()、insert()、pop()、remove()这些之外,其他可以用于元组。

## 6.3　集　　合

**1. 集合的定义**

集合是一个无序排列的、不重复的数据元素集,可以使用大括号({})或者 set()函数来创建。注意:创建一个空集合必须用 set()而不是{},因为{}是用来创建一个空字典的。集合分为可变集合(set)和不可变集合(frozenset)两种。常见用法实例(资源包:PythonCode\06-03.ipynb)如下。

```
In [5]:  #集合创建 1:{}
         set_a={1,2,3,4,5}
         set_b={1,3,3,5} #集合元素不重复,所以输出显示时,只有一个 3 元素
         print(set_a)
         print(set_b)
         #集合创建 2:set()
         set_c=set(["math","python","C"])
         set_d=set("python")
         print(set_c)
         print(set_d)
         set_f=frozenset("salesman")    #frozenset()创建不可变的集合
         print(set_f)
```

{1, 2, 3, 4, 5}
{1, 3, 5}
{'C', 'math', 'python'}
{'h', 'p', 'y', 't', 'n', 'o'}
frozenset({'s', 'l', 'm', 'a', 'n', 'e'})
<class 'set'>

**2. 集合的访问**

由于集合本身是无序的,所以集合没有索引和切片操作,只能循环遍历,或者使用 in、

not in 访问、判断集合元素。常见用法实例(资源包:PythonCode\06-03.ipynb)如下。

```
In [8]: set1=set(["math","python","C","JAVA"])
        print("math" in set1)
        print("math" not in set1)
        True
        False
```

**3. 集合的操作方法**

在集合操作中,集合作为对象的操作方法常采用:集合名.方法名()的形式调用。集合常用操作方法如表 6-5 所示。

表 6-5 集合常用操作方法

| 方　　法 | 说　　明 |
| --- | --- |
| add() | 为集合添加元素 |
| clear() | 移除集合中的所有元素 |
| copy() | 拷贝一个集合 |
| discard() | 删除集合中指定的元素 |
| pop() | 删除任意一个元素 |
| remove() | 移除指定元素 |
| update() | 给集合添加元素 |

**4. 集合运算**

集合的主要运算是关系测试,以及并、交、差、对称差等操作。假定集合 s1=set([1,2,3,4,5]),s2=set([1,3]),则集合运算操作及其示例如表 6-6 所示。

表 6-6 集合运算操作及其示例

| 集合运算符 | 操作说明 | 示　　例 |
| --- | --- | --- |
| \| | 并集 | print(s1\|s2),结果:{1,2,3,4,5} |
| & | 交集 | print(s1&s2),结果:{1,3} |
| − | 差集 | print(s1−s2),结果:{2,4,5} |
| ^ | 对称差 | print(s1^s2),结果:{2,4,5} |
| == | 等于 | print(s1==s2),结果:False |
| != | 不等于 | print(s1!=s2),结果:True |
| < | 小于 | print(s1<s2),结果:False |
| > | 大于 | print(s1>s2),结果:True |
| in | 是集合中的元素 | print(2 in s1),结果:True |
| not in | 不是集合中的元素 | print(2 in s2),结果:False |

## 6.4 字　　典

字典(dictionary)是 Python 中一种最常用的数据类型,是一个无序的键值对的集合。字典是一种映射类型(mapping type),用花括号({})创建,它的元素是键值对,由两部分构成:一部分称为键,用于对数据值进行索引;另一部分称为值,存储有效数据。字典的格式如下:

```
{key1:value1,key2:value2,...,keyn:valuen}
```

其中,每个键和值之间用冒号(:)分隔,每个元素(键值对)之间用逗号(,)分隔,同一字典中,键必须唯一,即必须互不相同,而值不必唯一。

**1. 字典的创建**

字典常用的两种创建方法为{ }和内建函数 dict()。常见用法实例(资源包:PythonCode\06-04.ipynb)如下。

```
In [4]: #创建空字典
        dic1={}
        dic2=dict()
        print(dic1)
        print(dic2)
        #赋值语句创建字典
        dic3={"Lili":90,"beyond":70,"Tom":80}
        print(dic3)
        #使用dict()函数创建字典
        dic4=dict(name="李明",age=21,gender="男")
        print(dic4)
        #使用dict()和zip()函数创建字典
        listkey=["name","age","gender"]
        listvalue=["李明",21,"男"]
        dic5=dict(zip(listkey,listvalue))
        print(dic5)
{}
{}
{'Lili': 90, 'beyond': 70, 'Tom': 80}
{'name': '李明', 'age': 21, 'gender': '男'}
{'name': '李明', 'age': 21, 'gender': '男'}
```

**2. 字典的访问**

字典的元素是以键信息为索引进行访问的,常见的方法是把键值放在方括号内进行访问,其语法格式为:字典对象名[键值]。Python 中可以用 get()方法获取指定键值,还可以使用 items()方法获取字典的全部键值对列表。常见用法实例(资源包:PythonCode\06-04.ipynb)如下。

```
In [11]: dic={"Lili":90,"beyond":70,"Tom":80}
         print(dic["beyond"])           #输出字典索引位置的值
         print(dic.keys())              #输出全部键值
         print(dic.values())            #输出全部值
         print(dic.get("Lili"))         #get()方法获取对应的值
         print(dic.get("James"))        #键不存在时,返回空None
         print(dic.items())             #items()方法获取键值对
70
dict_keys(['Lili', 'beyond', 'Tom'])
dict_values([90, 70, 80])
90
None
dict_items([('Lili', 90), ('beyond', 70), ('Tom', 80)])
```

**3. 字典的操作函数**

字典常用的操作函数如表6-7所示。假设d＝{'Name': 'Runoob', 'Age': 7, 'Class': 'First'}。

表6-7 字典常用的操作函数

| 函数 | 说明 | 示例 |
| --- | --- | --- |
| len(d) | 字典d元素个数,即键的总数 | >>> len(d)<br>3 |
| min(d) | 字典d中键的最小值 | >>>min(d)<br>'Age' |
| max(d) | 字典d中键的最大值 | >>>max(d)<br>Name |
| dict() | 生成一个空字典 | >>>dict()<br>{} |
| str(d) | 输出字典,可以打印的字符串表示 | >>>str(d)<br>"{'Name': 'Runoob', 'Age': 7, 'Class': 'First'}" |

**4. 字典的操作方法**

字典是可变的,可以通过对键赋值的方法来实现增加或修改键值对,其基本语法格式为:dic_name[key]＝value。此外,python中使用del键来删除字典或者字典中的元素。常见用法实例(资源包:PythonCode\06-04.ipynb)如下。

```
In [20]: dic["beyond"]=100       #修改键beyond的值为100
         print(dic)
         del dic["beyond"]       #删除键为"beyond"
         print(dic)
         dic["Smith"]=60         #添加键值对
         print(dic)
         del dic                 #删除字典后,dic不存在
         print(dic)
```

```
{'Lili': 90, 'Tom': 80, 'beyond': 100}
{'Lili': 90, 'Tom': 80}
{'Lili': 90, 'Tom': 80, 'Smith': 60}
---------------------------------------------------------
NameError                             Traceback (most recent call last)
Input In [20], in <cell line: 8>()
      6 print(dic)
      7 del dic    #删除字典后,dic不存在
----> 8 print(dic)

NameError: name 'dic' is not defined
```

字典类型操作方法的使用语法格式为：字典变量名.方法名(参数)。表6-8给出了字典类型常用操作方法,其中d代表字典变量。

表6-8 字典类型常用操作方法

| 操作方法 | 描述 |
| --- | --- |
| d.keys() | 返回所有的键信息 |
| d.values() | 返回所有的值信息 |
| d.items() | 返回所有的键值对 |
| d.get(key,default) | 返回指定键的值,否则返回default设置的默认值 |
| d.pop(key,default) | 返回指定键的值,同时删除键值对,否则返回default设置的默认值 |
| d.clear() | 删除所有键值对,清空字典 |
| d.popitem() | 以元组(key,value)形式返回键值对,同时将该键值对从字典中删除 |
| key in dict | 如果键在字典dict里返回true,否则返回false |

## 6.5 实战任务

**任务1**：从键盘上输入一批数据,对这些数据进行逆置,最后按照逆置后的结果输出。
设计目的：掌握序列数据生成、访问、增加等操作。
源代码：python_task_Code\task6-1.ipynb。

**任务2**：输入一串字符,统计其中单词出现的次数,单词之间用空格分隔开。
设计目的：掌握字典的定义、访问等操作。
源代码：python_task_Code\task6-2.ipynb。

**任务3**：编写一个python程序,统计一个字符串中所有字母或符号分别出现的次数。
设计目的：掌握字典的定义、访问等操作。
源代码：python_task_Code\task6-3.ipynb。

## 6.6 计算机等级考试试题训练

◆ 单选题

1. 关于 Python 组合数据类型,以下选项中描述错误的是( )。
   A. 组合数据类型可以分为 3 类:序列类型、集合类型和映射类型
   B. 序列类型是二维元素向量,元素之间存在先后关系,通过序号访问
   C. Python 的 str、tuple 和 list 类型都属于序列类型
   D. Python 组合数据类型能够将多个同类型或不同类型的数据组织起来,通过单一的表示使数据操作更有序、更容易

2. 关于 Python 序列类型的通用操作符和函数,以下选项中描述错误的是( )。
   A. 如果 x 不是 s 的元素,x not in s 返回 True
   B. 如果 s 是一个序列,s = [1,"kate",True],s[3] 返回 True
   C. 如果 s 是一个序列,s = [1,"kate",True],s[-1] 返回 True
   D. 如果 x 是 s 的元素,x in s 返回 True

3. 给出如下代码:

```
DictColor ={"seashell":"海贝色","gold":"金色","pink":"粉红色","brown":"棕色","purple":"紫色","tomato":"西红柿色"}
```

以下选项中能输出"海贝色"的是( )。
   A. print(DictColor.keys())         B. print(DictColor["海贝色"])
   C. print(DictColor.values())        D. print(DictColor["seashell"])

4. 下面代码的输出结果是( )。

```
s =["seashell","gold","pink","brown","purple","tomato"]
print(s[1:4:2])
```

   A. ['gold', 'pink', 'brown']
   B. ['gold', 'pink']
   C. ['gold', 'pink', 'brown', 'purple','tomato']
   D. ['gold', 'brown']

5. 下面代码的输出结果是( )。

```
d ={"大海":"蓝色", "天空":"灰色", "大地":"黑色"}
print(d["大地"], d.get("大地","黄色"))
```

   A. 黑的  灰色      B. 黑色  黑色      C. 黑色  蓝色      D. 黑色  黄色

6. 已知以下程序段,要想输出结果为:1,2,3,应该使用的表达式是( )。

```
x =[1,2,3]
z =[]
for y in x:
    z.append(str(y))
```

A. print(z)　　　　　　　　　　B. print(",".join(x))
C. print(x)　　　　　　　　　　D. print(",".join(z))

7. 下面代码的输出结果是(　　)。

```
s = ["seashell","gold","pink","brown","purple","tomato"]
print(s[4:])
```

A. ['purple']

B. ['seashell', 'gold', 'pink', 'brown']

C. ['gold', 'pink', 'brown', 'purple', 'tomato']

D. ['purple', 'tomato']

8. 下面代码的执行结果是(　　)。

```
ls=[[1,2,3],[[4,5],6],[7,8]]
print(len(ls))
```

A. 3　　　　　B. 4　　　　　C. 8　　　　　D. 1

9. 下面代码的执行结果是(　　)。

```
ls = ["2020", "20.20", "Python"]
ls.append(2020)
ls.append([2020, "2020"])    print(ls)
```

A. ['2020', '20.20', 'Python', 2020]

B. ['2020', '20.20', 'Python', 2020，[2020, '2020']]

C. ['2020', '20.20', 'Python', 2020，['2020']]

D. ['2020', '20.20', 'Python', 2020，2020，'2020']

10. 对于列表 ls 的操作，以下选项中描述错误的是(　　)。

A. ls.clear()：删除 ls 的最后一个元素

B. ls.copy()：生成一个新列表，复制 ls 的所有元素

C. ls.reverse()：列表 ls 的所有元素反转

D. ls.append(x)：在 ls 最后增加一个元素

11. 下面代码的输出结果是(　　)。

```
listV = list(range(5))
print(2 in listV)
```

A. False　　　B. 0　　　　C. −1　　　　D. True

12. 给出如下代码：

```
import random as ran
listV = []
ran.seed(100)
for i in range(10):
    i = ran.randint(100,999)
    listV.append(i)
```

以下选项中能输出随机列表元素最大值的是(　　)。

A. print(listV.max())  B. print(listV.pop(i))
C. print(max(listV))  D. print(listV.reverse(i))

13. 给出如下代码：

MonthandFlower={"1月":"梅花","2月":"杏花","3月":"桃花","4月":"牡丹花",\
"5月":"石榴花","6月":"莲花","7月":"玉簪花","8月":"桂花",\
"9月":"菊花","10月":"芙蓉花","11月":"山茶花","12月":"水仙花"}
n =input("请输入1—12的月份:")
print(n +"月份之代表花:" +MonthandFlower.get(str(n)+"月"))

以下选项中描述正确的是(　　)。

　　A. 代码实现了获取一个整数(1—12)来表示月份,输出该月份对应的代表花名
　　B. MonthandFlower 是列表类型变量
　　C. MonthandFlower 是一个元组
　　D. MonthandFlower 是集合类型变量

14. 给出如下代码：

s =list("巴老爷有八十八棵芭蕉树,来了八十八个把式要在巴老爷八十八棵芭蕉树下住。\
老爷拔了八十八棵芭蕉树,不让八十八个把式在八十八棵芭蕉树下住。八十八个把式\
烧了八十八棵芭蕉树,巴老爷在八十八棵树边哭。")

以下选项中能输出字符"八"出现次数的是(　　)。

　　A. print(s.index("八"))  B. print(s.index("八"),6)
　　C. print(s.index("八"),6,len(s))  D. print(s.count("八"))

15. 下面代码的输出结果是(　　)。

vlist =list(range(5))
print(vlist)

　　A. 0 1 2 3 4　　B. 0,1,2,3,4,　　C. 0;1;2;3;4;　　D. [0, 1, 2, 3, 4]

16. 以下选项中,不是建立字典方式的是(　　)。

　　A. d = {[1,2]：1, [3,4]：3}　　B. d = {(1,2)：1, (3,4)：3}
　　C. d = {'张三'：1, '李四'：2}　　D. d = {1：[1,2], 3：[3,4]}

17. ls = [3.5, "Python", [10, "LIST"], 3.6], ls[2][-1][1]的运行结果是(　　)。

　　A. I　　B. P　　C. Y　　D. L

18. 以下选项中不属于组合数据类型的是(　　)。

　　A. 变体类型　　B. 字典类型　　C. 映射类型　　D. 序列类型

19. 下面代码的输出结果是(　　)。

a =[5,1,3,4]
print(sorted(a,reverse =True))

　　A. [5, 1, 3, 4]　　B. [5, 4, 3, 1]
　　C. [4, 3, 1, 5]　　D. [1, 3, 4, 5]

20. 下面代码的输出结果是(　　)。

ls =list(range(1,4))

print(ls)

  A. {0,1,2,3}  B. [1,2,3]  C. {1,2,3}  D. [0,1,2,3]

21. 运行以下程序,当从键盘上输入：{1："清华大学",2："北京大学"},其运行结果是（  ）。

```
x = eval(input())
print(type(x))
```

  A. <class 'int'>  B. <class 'list'>  C. 出错  D. <class 'dict'>

22. 以下程序的输出结果是(  )。

```
ls = ["浣熊","豪猪","艾草松鸡","棉尾兔","叉角羚"]
x = "豪猪"
print(ls.index(x,0))
```

  A. 0  B. −4  C. −3  D. 1

23. 假设将单词保存在变量 word 中,使用一个字典类型 counts={},统计单词出现的次数可采用的代码是(  )。

  A. counts[word] = count[word] + 1
  B. counts[word] = 1
  C. counts[word] = count.get(word,1) + 1
  D. counts[word] = count.get(word,0) + 1

24. 以下程序的输出结果是(  )。

```
lcat = ["狮子","猎豹","虎猫","花豹","孟加拉虎","美洲豹","雪豹"]
for s in lcat:
    if "豹" in s:
        print(s,end="")
        continue
```

  A. 猎豹
    花豹
    美洲豹
    雪豹
  B. 猎豹
  C. 雪豹  D. 猎豹花豹美洲豹雪豹

25. 以下关于列表和字符串的描述,错误的是(  )。

  A. 列表使用正向递增序号和反向递减序号的索引体系
  B. 列表是一个可以修改数据项的序列类型
  C. 字符和列表均支持成员关系操作符(in)和长度计算函数(len())
  D. 字符串是单一字符的无序组合

26. 以下程序的输出结果是(  )。

```
ls = ["石山羊","一角鲸","南极雪海燕","竖琴海豹","山蛭"]
ls.remove("山蛭")
str = ""
print("极地动物有",end="")
```

```
for s in ls:
    str = str + s + ","
print(str[:-1],end="。")
```

  A. 极地动物有石山羊,一角鲸,南极雪海燕,竖琴海豹,山蝰

  B. 极地动物有石山羊,一角鲸,南极雪海燕,竖琴海豹,山蝰。

  C. 极地动物有石山羊,一角鲸,南极雪海燕,竖琴海豹

  D. 极地动物有石山羊,一角鲸,南极雪海燕,竖琴海豹。

27. 以下关于字典的描述,错误的是(  )。

  A. 字典中元素以键信息为索引访问  B. 字典长度是可变的

  C. 字典是键值对的集合  D. 字典中的键可以对应多个值信息

28. 以下程序的输出结果是(  )。

```
frame = [[1,2,3],[4,5,6],[7,8,9]]
rgb = frame[::-1]
print(rgb)
```

  A. [[1, 2, 3], [4, 5, 6]]  B. [[7, 8, 9]]

  C. [[1,2,3],[4,5,6],[7,8,9]]  D. [[7, 8, 9], [4, 5, 6], [1, 2, 3]]

29. 以下程序的输出结果是(  )。

```
Da = {"北美洲":"北极兔","南美洲":"托哥巨嘴鸟","亚洲":"大熊猫","非洲":"单峰驼","南极洲":"帝企鹅"}
Da["非洲"] = "大猩猩"
print(Da)
```

  A. ('北美洲': '北极兔', '南美洲': '托哥巨嘴鸟', '亚洲': '大熊猫', '非洲': '大猩猩', '南极洲': '帝企鹅')

  B. ['北美洲': '北极兔', '南美洲': '托哥巨嘴鸟', '亚洲': '大熊猫', '非洲': '大猩猩', '南极洲': '帝企鹅']

  C. {"北美洲":"北极兔","南美洲":"托哥巨嘴鸟","亚洲":"大熊猫","非洲":"单峰驼","南极洲":"帝企鹅"}

  D. {'北美洲': '北极兔', '南美洲': '托哥巨嘴鸟', '亚洲': '大熊猫', '非洲': '大猩猩', '南极洲': '帝企鹅'}

30. 以下关于列表操作的描述,错误的是(  )。

  A. 通过 append 方法可以向列表添加元素

  B. 通过 extend 方法可以将另一个列表中的元素逐一添加到列表中

  C. 通过 insert(index,object)方法在指定位置 index 前插入元素 object

  D. 通过 add 方法可以向列表添加元素

31. 以下关于字典操作的描述,错误的是(  )。

  A. del 用于删除字典或者元素

  B. clear 用于清空字典中的数据

  C. len 方法可以计算字典中键值对的个数

  D. keys 方法可以获取字典的值视图

32. 以下程序的输出结果是(　　)。

```
L1 = ['abc', ['123','456']]
L2 = ['1','2','3']
print(L1 >L2)
```

    A. False

    B. TypeError：'>' not supported between instances of 'list' and 'str'

    C. 1

    D. True

33. 以下程序的输出结果是(　　)。

```
a = ["a","b","c"]
b = a[::-1]   print(b)
```

    A. ['a', 'b', 'c']    B. 'c', 'b', 'a'    C. 'a', 'b', 'c'    D. ['c', 'b', 'a']

34. 以下程序的输出结果是(　　)。

```
s=''
ls = [1,2,3,4]
for l in ls:
    s +=str(l)
print(s)
```

    A. 1,2,3,4    B. 4321    C. 4,3,2,1    D. 1234

35. 以下关于组合数据类型的描述,错误的是(　　)。

    A. 集合类型是一种具体的数据类型

    B. 序列类型和映射类型都是一类数据类型的总称

    C. python 的集合类型跟数学中的集合概念一致,都是多个数据项的无序组合

    D. 字典类型的键可以用的数据类型包括字符串,元组以及列表

36. 以下关于字典类型的描述,正确的是(　　)。

    A. 字典类型可迭代,即字典的值还可以是字典类型的对象

    B. 表达式 for x in d：中,假设 d 是字典,则 x 是字典中的键值对

    C. 字典类型的键可以是列表和其他数据类型

    D. 字典类型的值可以是任意数据类型的对象

37. 以下程序的输出结果是(　　)。

```
ls1 = [1,2,3,4,5]
ls2 = [3,4,5,6,7,8]
cha1 = []
for i in ls2:
    if i not in ls1:
        cha1.append(i)
print(cha1)
```

    A. (6,7,8)    B. (1,2,6,7,8)    C. [1,2,6,7,8]    D. [6,7,8]

38. 以下程序的输出结果是(　　)。

d={"zhang":"China", "Jone":"America", "Natan":"Japan"}    print(max(d),min(d))

A. Japan America  B. zhang：China Jone：America
C. China America  D. zhang Jone

◆ 操作题

1. 已知 a、b 是两列表变量,列表 a 为[11,3,8],输入列表 b,计算 a 中元素与 b 中对应元素乘积的累加和。例如,输入列表 b 为[4,5,2],则屏幕输出计算结果为 75。

```
//考生文件初始代码
a=[11,3,8]
b=eval(input())         #例:[4,5,2]
_____
for i in _____:
    s +=a[i]*b[i]
print(s)
```

2. 输入一个 1～26 之间的数字,对应于英文大写字母表中的索引,在屏幕上显示输出对应的英文字母。例如,输入一个数字 1,输出大写字母 A。

```
//考生文件初始代码
s=eval(input("请输入一个数字:"))
ls=[0]
for i in range(65,91):
    ls.append(chr(_____))
print("输出大写字母:{}".format(_____))
```

3. 将列表 lis 内的重复元素删除,并输出。例如,若列表为[2,8,3,6,5,3,8],输出为[8,2,3,5,6]。

```
//考生文件初始代码
lis=[2,8,3,6,5,3,8]
new_lis=_____
print(new_lis)
```

4. 输入一个水果名,判断它是否在列表 lis 中,并输出判断结果。例如,输入"猕猴桃",输出"猕猴桃在列表 lis 中"。

```
//考生文件初始代码
fruit=input('输入水果:')
lis=['苹果','哈密瓜','橘子','猕猴桃','杨梅','西瓜']
if _____:
    _____
else:
    _____
```

5. 将程序定义好的 std 列表里的姓名和成绩与已经定义好的模板拼成一段话,显示在屏幕上。例如,显示下面这段通知:"亲爱的张三,你的考试成绩是英语 90,数学 87,Python 语言 95,总成绩 272。特此通知。"

//考生文件初始代码

```
std = [['张三',90,87,95],['李四',83,80,87],['王五',73,57,55]]
modl = "亲爱的{},你的考试成绩是：英语{},数学{},Python语言{},总成绩{}.特此通知."
for st in std:
    cnt = _____
    for i in range(_____):
        cnt += _____
    print(modl.format(st[0],st[1],st[2],st[3],cnt))
```

6. 已知 a 和 b 是两个列表变量,列表 a 为[3,6,9],输入列表 b,将 a 列表的三个元素插入到 b 列表中对应的前三个元素的后面,并显示输出在屏幕上。

例如,输入列表 b 为[1,2,3],屏幕输出计算结果为[1,3,2,6,3,9]。

```
//考生文件初始代码
a = [3,6,9]
b = eval(input())  #例如:[1,2,3]
j = 1
for i in range(len(____(1)____)):
    b.____(2)____
    j += ____(3)____
print(b)
```

# 第 7 章

# 函数与代码复用

**学习目标**
- 掌握函数的定义和调用方法。
- 理解函数参数传递方式。
- 理解函数返回值。
- 理解变量的作用域。
- 掌握匿名函数等常用函数应用方法。

第 1 章中的 helloworld 程序就是 python 标准库对 print() 函数的调用,如下所示。

```
print ("hello, word")
```
函数名 参数

函数是一段功能相对独立完整的程序段,可重复调用,是一个被指定名称的代码块,通过函数名来表示和调用。

在编程中,使用函数的优点有:①降低编程难度,提高开发效率;②程序结构清晰,可读性好,便于维护;③减少重复编码的工作量,提高代码复用性。

## 7.1 函数的定义与调用

**1. 定义函数**

定义函数常使用关键字 def,其语法一般形式如下。

```
def 函数名(参数列表):
    函数体
    [return 表达式]
```

函数定义时应注意以下几点。

(1) 采用 def 关键词定义函数,不用指定返回值的类型。

(2) 参数不限,可以是 0 个、1 个或者多个,不需要用指定数据类型。

(3) 参数括号后的冒号":"不能少。

(4) 函数体必须缩进。

(5) return 语句是可选的。

**2. 函数调用**

函数调用的一般形式如下。

函数名([实际参数])

函数调用时应注意以下几点。

(1) 函数名必须是已经定义好的函数。

(2) 调用函数参数列表中的个数和类型,一般应与定义时一一对应。其他参数传递方式可参考 7.2 节。

(3) 在函数定义之前调用函数,会发生错误。

无参函数的定义和调用以及有参函数的定义和调用,常见用法实例(资源包:PythonCode\07-01.ipynb)如下。

```
In [1]: #函数定义:无参数,无返回值
        def hello():
            print("Hello World!")
        #函数调用
        hello()
```
Hello World!

```
In [2]: #函数定义:有参数,有返回值
        def average(x,y,z):
            av=(x+y+z)/3
            return av
        #函数调用,形式参数应具体值,即实参
        av1=average(80,90,100)
        print("平均值为:",av1)
```
平均值为: 90.0

## 7.2 函数参数与传递方式

**1. 形参与实参**

形式参数:即形参,是定义函数时,函数名后面括号中的变量名。形参只在函数调用时分配存储空间,接收实参值,函数调用结束,内存空间释放。

实际参数:即实参,是调用函数时,函数名后面括号中对应的参数。实参可以是常量、变量和表达式,但必须在调用之前有确定的值。

**2. 实参值改变情况**

实参值改变情况有两种:值传递(不可变对象传值)、地址传递(可变对象传地址)。

(1) 不可变对象传值:若实参为不可变对象时,如数值、字符串、元组对象等,函数中形参不会改变实参值。常见用法实例(资源包:PythonCode\07-02.ipynb)如下。

```
In [1]:  #形参并没有改变实参值
         def f1(num1):
             num1=num1+2
             print(num1)           #形参值改变
         num=10
         f1(num)
         print(num)                #实参值没有改变
12
10
```

（2）可变对象传地址：若实参为列表等可变对象时，将实参中数据的存储地址作为参数传递给形参，函数中形参会改变实参值。常见用法实例（资源包：PythonCode\07-02.ipynb）如下。

```
In [2]:  #形参改变了实参值
         def f1(num):
             num[0]=num[0]+2       #形参值改变
             print(num)
         num1=[1,2,3]
         f1(num1)
         print(num1)               #实参值也改变
[3, 2, 3]
[3, 2, 3]
```

### 3. 传递对应关系

传递对应关系可分为四种：位置参数、默认参数、关键字参数和可变长参数（不定长参数）。

（1）位置参数（必须参数）：即函数调用语句中的实际参数和函数头中的形式参数按顺序一一对应传递。常见用法实例（资源包：PythonCode\07-02.ipynb）如下。

```
In [3]:  def f(a,b):
             c=a+b
             return c
         r=f(2,3)#实参 2 传递给 a，即 a=2；实参 3 传递给 b，即 b=3；
         print(r)
5
```

（2）默认参数：函数定义时，直接对形参赋值，即形参的默认值；没有默认值的参数必须放在有默认值的参数的前面。若在调用时，没有传递参数，则使用默认值作为实参。常见用法实例（资源包：PythonCode\07-02.ipynb）如下。

```
In [5]:  def printinfo( name, age =35 ):
             print ("名字: ", name)
             print ("年龄: ", age)

         printinfo( age=50, name="runoob" )        #按关键字传递
         print ("**************************")
         printinfo( 50,"runoob" )                  #按位置传递
         print ("**************************")
         printinfo( name="runoob" )#按默认值传递，即省略 age 参数，则使用默认值 35
```

名字： runoob
年龄： 50
***************************
名字： 50
年龄： runoob
***************************
名字： runoob
年龄： 35

（3）关键字参数：按照"形参＝值"的形式指定某个实参传递给某个形参，所以不限制参数的传递顺序。常见用法实例（资源包：PythonCode\07-02.ipynb）如下。

```
In [7]: def f(a,b):
            print("a=",a,"b=",b)
        f(20,30)        #位置传递：实参20传递给a,即a=20;实参30传递给b,即b=30
        f(b=20,a=30)    #关键字传递：实参20传递给b,即b=20;实参30传递给a,即a=30
a= 20 b= 30
a= 30 b= 20
```

（4）可变长参数：在定义函数时，不能确定参数个数的情况，常采用带＊或＊＊的参数来接收可变数量参数。典型的定义可变参数的函数格式如下。

def  functionname(形参1,形参2,...,形参n,＊tupleArg,＊＊dictArg)：
　　函数体

其中，＊tupleArg以元组形式导入；＊＊dictArg以字典形式导入。

常见用法实例（资源包：PythonCode\07-02.ipynb）如下。

```
In [8]: def printinfo( arg1, * tupleArg ):
            print ("arg1:",arg1)
            print ("tupleArg:",tupleArg)
        printinfo( 70, 60, 50 )#以元组形式导入可变参数
arg1: 70
tupleArg: (60, 50)
```

```
In [9]: def printinfo( arg1, **dictArg ):
            print ("arg1:",arg1)
            print ("tupledict:",dictArg)
        printinfo(1, a=2,b=3)#以字典形式导入可变参数
arg1: 1
tupledict: {'a': 2, 'b': 3}
```

## 7.3　函数返回值

函数的返回值个数可以是0个、1个或多个，可以是数值、字符串、布尔型、列表、元组等任何数据类型。return语句用于退出函数，选择性地向调用方返回一个表达式，不带参数值的return语句返回None。return语句语法格式如下。

Return [表达式1|值1],[表达式2|值2],...,[表达式n|值n]

常见用法实例(资源包:PythonCode\07-03.ipynb)如下。

In [1]:
```
def add(x,y):
    add=x+y
    return add
result =add(10,20)
print(result)#输出一个返回值
```
30

In [2]:
```
def multi_op(x,y):
    mult=x * y
    add1=x+y
    return mult,add1
result =multi_op(10,20)
print(result)#输出多个返回值,结果为元组形式
```
(200, 30)

## 7.4 变量的作用域

作用域就是一个 Python 程序可以直接访问的命名空间的正文区域。变量的作用域决定了程序可以在哪一部分访问哪个特定的变量名称。程序会从内到外依次访问所有的作用域直到找到,并据此赋值,否则会报未定义的错误。变量查找顺序及作用范围如图 7-1 所示。

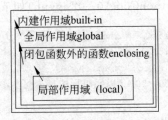

图 7-1 变量查找顺序及作用范围

变量根据作用域归纳为以下 4 种。

(1) 局部变量(local):在一个函数内或者语句块内定义的变量。其作用域仅限于定义它的函数体或语句块中。

(2) 全局变量(global):创建于模块文件顶层的变量,具有全局作用域,在执行全过程都有效。全局变量在函数内部使用时,需要提前使用保留字 global 声明,否则就是另外定义一个变量相同的局部变量。

(3) 嵌套级变量(enclosing):嵌套的父级函数的局部作用域,即包含此函数的上级函数的局域作用域,包含了非局部(non-local)也非全局(non-global)的变量。

(4) 内置变量(built-in):包含了内建的变量、关键字等,最后被搜索。

常见用法实例(资源包:PythonCode\07-04.ipynb)如下。

(1) 局部变量定义与使用。

```
In [1]: def f(x,y):
            z=x+y    #z 这里是局部变量,只能在函数 f 内部有效
            print(z)
            return z

In [2]: s=f(2,3)  #s 是接收函数返回值的全局变量
        5

In [3]: print(s)
        5

In [4]: print(z) #z 是函数 f 的局部变量,只能在函数 f 内部使用,在函数外部不存在
        ---------------------------------------------------------------
        NameError                           Traceback (most recent call last)
        <ipython-input-4-d950c8233b1d> in <module>
        ---->1 print(z) #z 是函数 f 的局部变量,只能在函数内部使用,在函数外部不存在

        NameError: name 'z' is not defined
```

(2) 全局变量的定义与使用。

```
In [6]: n=2               #n 为全局变量
        def g(x):
            n=x           #此处 n 是局部变量,不是全局变量 n
            print(n)
        g(10)
        print(n)          #输出全局变量 n,此时 n 为 2
        10
        2

In [8]: n=2               #n 为全局变量
        def g(x):
            global n      #此处声明 n 为全局变量
            n=x
            print(n)
        g(10)
        print(n)          #输出全局变量 n,n 在函数 g 被实参 10 重新赋值
        10
        10
```

(3) 嵌套级变量定义与使用。

```
In [11]: def outer():
             num =10
             def inner():
                 nonlocal num   #nonlocal 关键字声明,即 num 不是函数 inner 内部变
                                量,是 outer 内的变量
                 num =20
                 print(num)
             inner()            #num 被修改为 20
             print(num)
         outer()
```

```
20
20
```

(4) 问题与思考：错误原因是什么？如何解决？

```
In [9]: a =10
        def test():
            a =a +1
            print(a)
        test()
```

```
---------------------------------------------------------
UnboundLocalError                         Traceback (most recent call last)
<ipython-input-9-4212688e84b0> in <module>
      3     a =a +1
      4     print(a)
----> 5 test()

<ipython-input-9-4212688e84b0> in test()
      1 a =10
      2 def test():
----> 3     a =a +1
      4     print(a)
      5 test()

UnboundLocalError: local variable 'a' referenced before assignment
```

## 7.5 递归函数

　　函数还有一种特殊的调用方式，那就是自己调用自己，这种方式称为函数递归调用。在数学与计算机科学中，递归（Recursion）是指在函数的定义中使用函数自身的方法。

　　常见用法实例（资源包：PythonCode\07-05.ipynb）如下。

(1) 递归(recurse)调用函数方法 n!。

```
In [4]: def fac_recurse(n):
            if n==0 or n==1:
                f=1
            else:
                f=fac_recurse(n-1) * n      #定义函数时,函数调用自己
            return f
```

```
In [8]: fac_recurse(5)
Out [8]: 120
```

(2) 递推(iterate)方法函数求 n!。

```
In [5]: def fac_iterate(n):
            f=1
            for i in range(1,n+1):
                f=f * i           #采用累积的方法
            return f
```

```
In [9]: fac_iterate(5)
Out[9]: 120
```

递归算法的特点有以下两种。

(1) 自顶而下，不断重复，每次递归问题规模（计算量）逐渐减少，最后必须有一个明确的结束条件。

(2) 递归效率不高，递归层次过多会导致栈溢出，因为在计算机中，函数调用是通过栈（stack）这种数据结构实现的。

## 7.6 常用函数

**1. lambda 函数**

匿名函数是指没有名字的函数，它主要应用在需要一个函数但是又不想去命名这个函数的场合。Python 中使用关键字 lambda 定义匿名函数，其语法格式如下。

result=lambda [参数 1 [,参数 2,...参数 n]]:表达式

参数说明：

(1) result：用于接收 lambda 表达式的返回值。

(2) [arg1[,arg2,...,argn]]：可选参数，用于指定要传递的参数列表，多个参数使用逗号","分隔。

(3) expression：必选参数，用于指定一个实现具体功能的表达式，如果有参数，那么在该表达式中将应用这些参数。

常见用法实例（资源包：PythonCode\07-06.ipynb）如下。

```
In [5]: f=lambda:"PYTHON".lower()        #定义无参数匿名函数
        g=lambda x,y:x+y                  #定义有参 x,y 函数，返回 x+y
        print(type(f))                    #输出 f 的类型
        print(f)                          #输出 f 的值,地址
        print(f())                        #调用无参函数 f()返回值
        print(g(1,2))                     #调用有参函数 g()的返回值
<class 'function'>
<function <lambda> at 0x00000196EA27A5E0>
python
3
```

**2. zip()函数**

zip()函数用于将可迭代的对象作为参数，即将对象中对应的元素打包成一个个元组，然后返回由这些元组组成的对象，这样做的好处是节约了不少的内存。zip()函数的语法格式如下：

zip([iterable, ...])

常见用法实例（资源包：PythonCode\07-06.ipynb）如下。

```
In [9]:  a = [1,2,3]
         b = [4,5,6]
         c = [4,5,6,7,8]
         zipped = zip(a,b)              #返回一个 zip 对象
         print(zipped)
         print(list(zipped))             #转换为 list,等同于 print(list(zip(a,b)))
         print(list(zip(a,c)))           #元素个数于最短的列表一致
<zip object at 0x00000196EA3747C0>
[(1, 4), (2, 5), (3, 6)]
[(1, 4), (2, 5), (3, 6)]
```

## 7.7 模块与代码复用

程序是由一系列代码组成的。当程序长度很长时,需要将程序分割成若干个程序段,每个程序段完成一个功能,该功能一般使用函数进行封装,而函数封装的直接好处就是代码复用。

将一些常用的功能单独放置在一个文件中,方便其他文件调用,这些文件即为模块。由此可见,模块是一个包含所有已定义函数和变量的文件,其后缀名是.py。模块可分为标准库模块和用户自定义模块,使用前用 import 语句导入,以使用该模块中的函数等功能,实现代码复用功能。模块的文件类型是 py。

用户自定义模块是指用户自身建立的一个模块,即建立的扩展名为.py 的 python 程序。例如:

```
def printer(x):
    print(x)
...
```

将以上程序代码保存为.py 程序,如 module1.py。在使用时,用 import module1 导入模块,便可以使用该文件(模块)提供的函数方法、对象和类的方法。

## 7.8 实 战 任 务

**任务 1**:编写函数,判断一个数是否是素数?
设计目的:①掌握函数的定义与调用;②掌握判断素数算法。
源代码:python_task_Code\task7-1.ipynb。

**任务 2**:求一个数列中的最大值和最小值。
**备注**:此序列数据可以随机生成,也可以事先输入。
设计目的:①掌握标准函数导入;②掌握求最值的方法和技巧。
源代码:python_task_Code\task7-2.ipynb。

**任务 3**:编写函数实现,计算 n 的阶乘。
设计目的:①掌握函数的定义与调用;②掌握递归函数的定义与调用。
源代码:python_task_Code\task7-3.ipynb。

## 7.9 计算机等级考试试题训练

◆ 单选题

1. 关于函数,以下选项中描述错误的是(　　)。
   A. 函数能完成特定的功能,对函数的使用不需要了解函数内部实现原理,只要了解函数的输入/输出方式即可
   B. 使用函数的主要目的是减低编程难度和代码重用
   C. Python 使用 del 保留字定义一个函数
   D. 函数是一段具有特定功能的、可重用的语句组

2. 关于 Python 的全局变量和局部变量,以下选项中描述错误的是(　　)。
   A. 局部变量指在函数内部使用的变量,当函数退出时,变量依然存在,下次函数调用可以继续使用
   B. 使用 global 保留字声明简单数据类型变量后,该变量作为全局变量使用
   C. 简单数据类型变量无论是否与全局变量重名,仅在函数内部创建和使用,函数退出后变量被释放
   D. 全局变量指在函数之外定义的变量,一般没有缩进,在程序执行全过程有效

3. 关于 Python 的 lambda 函数,以下选项中描述错误的是(　　)。
   A. 可以使用 lambda 函数定义列表的排序原则
   B. f = lambda x,y: x+y 执行后,f 的类型为数字类型
   C. lambda 函数将函数名作为函数结果返回
   D. lambda 用于定义简单的、能够在一行内表示的函数

4. 下面代码实现的功能描述是(　　)。

```
def fact(n):
    if n==0:
        return 1
    else:
        return n * fact(n-1)
num =eval(input("请输入一个整数:"))
print(fact(abs(int(num))))
```

   A. 接收用户输入的整数 n,判断 n 是否是素数并输出结论
   B. 接收用户输入的整数 n,判断 n 是否是完数并输出结论
   C. 接收用户输入的整数 n,判断 n 是否是水仙花数
   D. 接收用户输入的整数 n,输出 n 的阶乘值

5. 关于 Python 函数,以下选项中描述错误的是(　　)。
   A. 函数是一段可重用的语句组
   B. 函数通过函数名进行调用
   C. 每次使用函数需要提供相同的参数作为输入
   D. 函数是一段具有特定功能的语句组

6. 关于函数的可变参数,可变参数 *args 传入函数时存储的类型是(　　)。
   A. list　　　　　B. set　　　　　C. dict　　　　　D. tuple
7. 关于局部变量和全局变量,以下选项中描述错误的是(　　)。
   A. 局部变量和全局变量是不同的变量,但可以使用 global 保留字在函数内部使用全局变量
   B. 局部变量是函数内部的占位符,与全局变量可能重名但不同
   C. 函数运算结束后,局部变量不会被释放
   D. 局部变量为组合数据类型且未创建,等同于全局变量
8. 下面代码的输出结果是(　　)。

```
ls = ["F","f"]
def fun(a):
    ls.append(a)
    return
fun("C")
print(ls)
```

   A. ['F', 'f']　　　B. ['C']　　　C. 出错　　　D. ['F', 'f', 'C']
9. 关于函数作用的描述,以下选项中错误的是(　　)。
   A. 复用代码　　　　　　　　　B. 增强代码的可读性
   C. 降低编程复杂度　　　　　　D. 提高代码执行速度
10. 假设函数中不包括 global 保留字,对于改变参数值的方法,以下选项中错误的是(　　)。
    A. 参数是 int 类型时,不改变原参数的值
    B. 参数是组合类型(可变对象)时,改变原参数的值
    C. 参数的值是否改变与函数中对变量的操作有关,与参数类型无关
    D. 参数是 list 类型时,改变原参数的值
11. 关于形参和实参的描述,以下选项中正确的是(　　)。
    A. 参数列表中给出要传入函数内部的参数,这类参数称为形式参数,简称形参
    B. 函数调用时,实参默认采用按照位置顺序的方式传递给函数,Python 也提供了按照形参名称输入实参的方式
    C. 程序在调用时,将形参复制给函数的实参
    D. 函数定义中参数列表里面的参数是实际参数,简称实参
12. 下面代码的输出结果是(　　)。

```
def change(a,b):
    a = 10
    b += a
a = 4
b = 5
change(a,b)
print(a,b)
```

    A. 10 5　　　　B. 4 15　　　　C. 10 15　　　　D. 4 5

13. 函数表达式 all([1,True,True]) 的结果是(　　)。
    A. 无输出　　　　B. False　　　　C. 出错　　　　D. True
14. 以下程序的输出结果是(　　)。

```
>>>def f(x, y=0, z=0): pass
>>>f(1, , 3)
```

    A. pass　　　　B. None　　　　C. not　　　　D. 出错
15. 以下程序的输出结果是(　　)。

```
def hub(ss, x=2.0, y=4.0):
    ss +=x * y
ss =10
print(ss, hub(ss, 3))
```

    A. 22.0 None　　　B. 10 None　　　C. 22 None　　　D. 10.0 22.0
16. 以下关于 Python 函数对变量的作用,错误的是(　　)。
    A. 简单数据类型在函数内部用 global 保留字声明后,函数退出后该变量保留
    B. 全局变量指在函数之外定义的变量,在程序执行全过程有效
    C. 简单数据类型变量仅在函数内部创建和使用,函数退出后变量被释放
    D. 对于组合数据类型的全局变量,如果在函数内部没有被真实创建的同名变量,
       则函数内部不可以直接使用并修改全局变量的值
17. Python 中函数不包括(　　)。
    A. 标准函数　　　B. 第三库函数　　　C. 内建函数　　　D. 参数函数
18. Python 中,函数定义可以不包括(　　)。
    A. 函数名　　　B. 关键字 def　　　C. 一对圆括号　　　D. 可选参数列表
19. 以下程序的输出结果是(　　)。

```
def func(num):
    num *=2
x=20
func(x)
print(x)
```

    A. 40　　　　B. 出错　　　　C. 无输出　　　　D. 20
20. 以下程序的输出结果是(　　)。

```
def func(a, *b):
    for item in b:
        a +=item
    return a
m=0
print(func(m,1,1,2,3,5,7,12,21,33))
```

    A. 33　　　　B. 0　　　　C. 7　　　　D. 85
21. 以下关于 python 函数使用的描述,错误的是(　　)。
    A. 函数定义是使用函数的第一步

B. 函数被调用后才能执行

C. 函数执行结束后,程序执行流程会自动返回到函数被调用的语句之后

D. Python 程序里一定要有一个主函数

22. 以下关于函数参数和返回值的描述,正确的是(　　)。

A. 采用名称传参的时候,实参的顺序需要和形参的顺序一致

B. 可选参数传递指的是没有传入对应参数值的时候,就不使用该参数

C. 函数能同时返回多个参数值,需要形成一个列表来返回

D. Python 支持按照位置传参也支持名称传参,但不支持地址传参

23. 以下程序的输出结果是(　　)。

```
def calu(x=3, y=2, z=10):
    return(x ** y * z)
h = 2
w = 3
print(calu(h,w))
```

A. 90　　　　　B. 70　　　　　C. 60　　　　　D. 80

24. 以下程序的输出结果是(　　)。

```
img1 = [12,34,56,78]
img2 = [1,2,3,4,5]
def displ():
    print(img1)
def modi():
    img1 = img2
modi()
displ()
```

A. [1,2,3,4,5]　　　　　　　　B. ([12,34,56,78])
C. ([1,2,3,4,5])　　　　　　　D. [12,34,56,78]

25. 以下程序的输出结果是(　　)。

```
s = 0
def fun(num):
    try:
        s += num
        return s
    except:
        return 0
    return 5
print(fun(2))
```

A. 0　　　　　　　　　　　　B. 2
C. UnboundLocalError　　　　D. 5

26. 以下关于函数的描述,错误的是(　　)。

A. 函数是一种功能抽象

B. 使用函数的目的只是增加代码复用

C. 函数名可以是任何有效的 Python 标识符

D. 使用函数后，代码的维护难度降低了

27. 以下程序的输出结果是(　　)。

```
def test(b = 2, a = 4):
    global z
    z += a * b
    return z
z = 10
print(z, test())
```

  A. 18 None         B. 10 18

  C. UnboundLocalError     D. 18 18

◆ 操作题

1. 编写一个函数，使之能够实现字符串的反转。将字符串 goodstudy 输入函数中，运行并输出结果。

```
//考生文件初始代码
def str_change(str) :
    return _____
str = input("输入字符串:")
print(str_change(_____))
```

2. 在一组单词中，查找出所有长度最长的单词，给定的一组单词 cad、VB、Python、MATLAB、hello、world 并输出结果。

```
the longest words are:
                    Python
                    MATLAB
//考生文件初始代码
def proc(strings):
    m = 0
    lst = []
    for i in range(len(strings)):
        if len(strings[i]) _____ m:
            m = len(strings[i])
    for i in range(len(strings)):
        if len(strings[i]) _____ m:
            lst.append(strings[i])
    return _____
strings = ['cad','VB','Python','MATLAB','hello','world']
result = proc(strings)
print("the longest words are:")
for item in result:
    print("{: >25}".format(item))
```

3. 闰年分为普通闰年和世纪闰年。普通闰年是指能被 4 整除但不能被 100 整除的年份，世纪闰年是指能被 400 整除的年份。请编写一个函数，能够实现以下功能：输入一个年份，能够判断这个年份是否为闰年，并且能打印在屏幕上。

例如,输入 1900,输出为 1900 年不是闰年;输入 2004,输出为 2004 年是闰年;输入 2000,输出为 2000 年是闰年。

```
//考生文件初始代码
#请在...处使用一行或多行代码替换
def judge_year(year):
    ...
year =eval(input("请输入年份:"))
...
```

# 第 8 章

# 文件操作与异常处理

**学习目标**
- 掌握文件的常用操作方法(打开、关闭与读/写)。
- 掌握 CSV 文件格式读/写方法。
- 掌握异常处理的方法。

## 8.1 文件定义和分类

文件是指存储在辅助存储介质(如磁盘、光盘等)中的一组数据序列,是一组相关信息的集合,一般分为文本文件和二进制文件。文本文件一般由单一特定编码的字符组成,如 UTF-8 编码,文件经过编码形成字符串,此存储形式主要便于输出显示。一般文本文件中的一个字符串被解析为多个字符,每个字符占 4 字节;二进制文件的数据由 0 和 1 组成,没有统一的字符编码,被解析为字节流,目的是节省存储空间。

假设一个文本文件 a.txt,其内容为"python 程序设计",采用文本方式和二进制方式打开,其运行结果(资源包:PythonCode\08-01.ipynb)如下。

```
In [1]: f=open("a.txt","rt")
        print(f.readline())
        f.close()
python 程序设计

In [2]: f=open("a.txt","rb")
        print(f.readline())
        f.close()
b'python\xb3\xcc\xd0\xf2\xc9\xe8\xbc\xc6'
```

## 8.2 文件操作

**1. 打开/关闭**

打开文件:操作系统中的文件默认处于存储状态,使用"打开"操作为文件分配一个缓冲区,使得当前用户程序有权对文件进行操作。打开不存在的文件,可以创建这个文件。打开后的文件另一进程不能操作这个文件。

其常用语法格式如下。

变量名=open(file, mode='r')

完整的语法格式如下。

变量名=open(file, mode='r', buffering=-1, encoding=None, errors=None, newline=None, closefd=True, opener=None)

其中 mode 为打开模式。

常用文件打开模式如表 8-1 所示。

表 8-1　常用文件打开模式

| 打开模式 | 说　　明 |
| --- | --- |
| r | 以只读方式打开文件，文件的指针放在文件的开头，这是默认模式。若文件不存在，返回异常 FileNotFoundError |
| w | 以写入方式打开文件，文件不存在则创建，存在则完全覆盖原文件 |
| x | 写模式，文件不存在则创建，如果该文件已存在则返回异常 FileExistsError |
| a | 打开文件追加写。若文件存在，文件指针放在文件结尾，即将新内容写入已有内容之后。若文件不存在，则创建新文件进行写入 |
| b | 二进制文件模式 |
| t | 文本文件模式，默认值 |
| + | 打开一个文件进行更新(可读可写)，在原有功能基础上增加同时读/写功能 |

关闭文件：切断当前用户程序与文件的控制，释放文件缓冲区。

其常用语法格式如下。

文件对象名.close()

常见用法实例(资源包：PythonCode\08-02.ipynb)如下。

```
In [1]: f=open()及 f.close()语句
        f=open("a.txt","r",buffering=1024)   #a.txt 文件在当前目录,否则要添加路径
        print(f.readline())
        f.close()                             #关闭文件
        #print(f.readline())                  #关闭文件后不能再访问
        python 程序设计
```

### 2. 读取/写入

根据文件打开方式不同，文件读/写方式也不同。若文件以文本方式打开，则读入字符串；若以二进制方式打开，则读入字节流。常见文件读/写操作方法如表 8-2 所示。

表 8-2　常见文件读/写操作方法

| 操作方法 | 描　　述 |
| --- | --- |
| file.close() | 关闭文件。关闭后文件不能再进行读/写操作 |
| file.read([size]) | 从文件读取指定的字节数，如果未给定或为负则读取所有 |

续表

| 操 作 方 法 | 描 述 |
|---|---|
| file.readline([size]) | 读取整行,包括"\n"字符 |
| file.readlines([sizeint]) | 读取所有行并返回列表,若给定 sizeint>0,返回总和大约为 sizeint 字节的行,实际读取值可能比 sizeint 较大,因为需要填充缓冲区 |
| file.seek(offset[,whence]) | 移动文件读取指针到指定位置 |
| file.write(str) | 将字符串写入文件,返回的是写入的字符长度 |
| file.writelines(sequence) | 向文件写入一个序列字符串列表,如果需要换行则要自己加入每行的换行符 |

常见用法实例(资源包:PythonCode\08-02.ipynb)如下。
(1) f.read()/f.readlines()/f.readline()。

In [2]:
```
f=open("file1.txt","r")
s=f.read()#读取文件所有内容
print(s)
f.close()
```
清明时节雨纷纷,路上行人欲断魂!
借问酒家何处有?牧童遥指杏花村。

In [3]:
```
f=open("file1.txt","r")
s=f.readlines()#读取文件所有内容,结果为列表,每个元素为文件的一行
print(s)
f.close()
f=open("file1.txt","r")
s=f.readline()#读取文件的一行
print(s)
f.close()
```
['清明时节雨纷纷,路上行人欲断魂!\n', '借问酒家何处有?牧童遥指杏花村。']
清明时节雨纷纷,路上行人欲断魂!

In [4]:
```
f=open("file1.txt","r")
s1=f.read()         #读取文件全部内容,文件指针指向文件末尾
print(s1)
s2=f.readlines() #因为f.read()文件指针指向文件末尾,所以在执行readlines()
                 操作则为空列表
print(s2)
f.close()
```
清明时节雨纷纷,路上行人欲断魂!
借问酒家何处有?牧童遥指杏花村。
[]

(2) 逐行遍历文件。

```
In [5]: f=open("file1.txt","r")
        for i in f:         #逐行遍历文件
            print(i)        #因为每一行后有一个"\n",所以多一个空行
        f.close()
        f=open("file1.txt","rb")
        for i in f:         #按二进制方式遍历文件没有行的概念
            print(i)
        f.close()
```

清明时节雨纷纷,路上行人欲断魂!

借问酒家何处有?牧童遥指杏花村。
b'\xc7\xe5\xc3\xf7\xca\xb1\xbd\xda\xd3\xea\xb7\xd7\xb7\xd7\xa3\xac\xc2
\xb7\xc9\xcf\xd0\xd0\xc8\xcb\xd3\xfb\xb6\xcf\xbb\xea\xa3\xa1\r\n'
b'\xbd\xe8\xce\xca\xbe\xc6\xbc\xd2\xba\xce\xb4\xa6\xd3\xd0\xa3\xbf\xc4
\xc1\xcd\xaf\xd2\xa3\xd6\xb8\xd0\xd3\xbb\xa8\xb4\xe5\xa1\xa3'

(3) f.seek()。

```
In [6]: f=open("file1.txt","r")
        s1=f.read()         #读取文件全部内容,文件指针指向文件末尾
        print(s1)
        f.seek(0)           #当参数为0时,读取指针重置到文件开头
        s2=f.readlines()    #文件指针从开头执行readlines()操作,所以读取文件列表
        print(s2)
        f.close()
```

清明时节雨纷纷,路上行人欲断魂!
借问酒家何处有?牧童遥指杏花村。
['清明时节雨纷纷,路上行人欲断魂!\n', '借问酒家何处有?牧童遥指杏花村。']

(4) f.write()/f.writelines()。

```
In [7]: f=open("file2.txt","w")   #以写的方式打开文件file2.txt,若文件不存在,则
                                   创建该文件
        f.write("清明时节雨纷纷\n")
        f.write("路上行人欲断魂\n")
        f.write("借问酒家何处有\n")
        f.write("牧童遥指杏花村\n")
        f.close()
```

```
In [8]: ls=['清明时节雨纷纷\n','路上行人欲断魂\n','借问酒家何处有\n','牧童遥指杏
        花村\n']
        f=open("file3.txt","w")
        f.writelines(ls)            #将列表中的元素写入文件中
        f.close()
        f=open("file3.txt","r")
        print(f.read())
        f.close()
```

清明时节雨纷纷
路上行人欲断魂
借问酒家何处有
牧童遥指杏花村

```
In [9]: ls=ls=['清明时节雨纷纷','路上行人欲断魂','借问酒家何处有','牧童遥指杏花
        村']
        f=open("file4.txt","w")
        f.writelines(ls)    #列表中元素没有"\n",写入的内容之间就会被连起来
        f.close()
        f=open("file4.txt","r")
        print(f.read())
        f.close()
```
清明时节雨纷纷路上行人欲断魂借问酒家何处有牧童遥指杏花村

## 8.3 数 据 维 度

**1. 一维数据**

一维数据由对等关系的有序或无序数据构成,采用线性的方式进行组织,对应于数学中数组的概念。一维数据十分常见,在 Python 中,用列表、集合、元组等序列数据表示一维数据。一维数据的存储方式主要有四种:逗号分隔、空格分隔、换行符和特殊符号分隔。其中,采用逗号分隔数据的存储方式叫作 CSV(comma-separated values)格式文件,文件后缀名为.csv,是一种简单而且应用广泛的文件。

常见 csv 文件读/写方式(资源包:PythonCode\08-03.ipynb)如下。

```
In [1]: #写入 CSV 文件
        lst=["中国","美国","日本","印度"]
        f=open('file0803.csv','w')
        f.write(','.join(lst)+'\n')#写入列表,并以 CSV 文件形式保存
        f.close()
```

```
In [2]: #读出 CSV 文件
        f=open('file0803.csv','r')
        lst=f.read().strip('\n').split(',')
        print(lst)     #输出一维数据:列表
        f.close()
```

**2. 二维数据**

二维数据也称表格数据,由关联关系数据构成,采用二维表格方式组织,对应于数学中的矩阵。常见的表格都属于二维数据。二维数据也可以采用 csv 格式进行存储数据。二维数据可简单理解为由多个一维数据构成,例如:

```
st=[
    [1,2,3,4],
    [2,3,4,5],
    [3,4,5,6]
]
```

常见 csv 文件读/写方式(资源包:PythonCode\08-03.ipynb)如下。

```
In [3]: lst=[['1','2','3','4'],['2','3','4','5'],['3','4','5','6']]
        f=open('file0804.csv','w')
        for row in lst:  #采用for循环的方式,依次读取二维数据每一行的数据
            f.write(','.join(row)+'\n')
        f.close()

In [4]: f=open('file0804.csv','r')
        lst=[]
        for line in f:
            lst.append(line.strip('\n').split(','))
        f.close()
        print(lst)
[['1', '2', '3', '4'], ['2', '3', '4', '5'], ['3', '4', '5', '6']]
```

两次循环遍历二维数组如下。

```
In [11]: for row in lst:
             line="\n"
             for item in row:
                 print(item,end=" ")
             print(line)
1 2 3 4

2 3 4 5

3 4 5 6
```

**3. 高维数据**

高维数据由键值对类型的数据构成,采用对象方式组织,可以多层嵌套。高维数据在 web 系统中十分常用,衍生出了 HTML、XML、json 等具体数据组织的语法结构,是当今 Internet 组织内容的主要方式。高维数据相比一维和二维数据能表达更加灵活和复杂的数据关系。

## 8.4 异常处理

为了处理 Python 中程序运行中出现的异常和错误,Python 提供了异常处理和断言机制。异常是在程序执行过程中的例外,影响程序的正常执行。当出现程序错误时,程序进行异常代码处理如下。

```
In [1]: 5/0              #出现除数为零错误异常
---------------------------------------------------------------
ZeroDivisionError                         Traceback (most recent call last)
<ipython-input-1-81621204f5b1>in <module>
---->1 5/0               #出现除数为零错误异常

ZeroDivisionError: division by zero
```

常用异常代码处理方法有以下几种。

**1. try…except…else…finally 语句**

```
try:
    执行代码
except:
    发生异常时执行代码
else:
    没有异常时执行代码
finally:
    总会执行的代码
```

常见异常处理程序代码(资源包：PythonCode\08-04.ipynb)如下。

```
In [2]: numbers=[0.2,2,0,10]
        for x in numbers:
            try:
                print(1.0/x)
            except:
                print("除数不能为零")
```
```
5.0
0.5
除数不能为零
0.1
```

```
In [3]: try:
            x=eval(input())
            print(1.0/x)
        except ZeroDivisionError:    #指定错误种类,输入 0 时抛出异常
            print("除数为 0,错误")
        except:                       #其他原因错误,输入非数字时出错
            print("某种原因错误")
```
```
gs
某种原因错误
```

```
In [4]: try:
            x=eval(input("请输入:"))
            print(1.0/x)
        except ZeroDivisionError:    #指定错误种类,输入 0 时抛出异常
            print("除数为 0,错误")
        except:                       #其他原因出错时执行
            print("其他原因出错")
        else:                         #没有异常时执行
            print("没有异常")
        finally:                      #无论是否有异常,总是执行
            print("结束")
```
```
请输入:0
除数为 0,错误
结束
```

**2. raise 语句**

Python 使用 raise 来抛出一个指定异常,其语法格式如下。

```
raise [Exception [, args [, traceback]]]

In [64]: x = 10
         if x > 5:
             raise Exception('x 不能大于 5。x 的值为：{}'.format(x))
---------------------------------------------------------------
Exception                              Traceback (most recent call last)
<ipython-input-4-e00bf68fb93c> in <module>
      1 x = 10
      2 if x > 5:
----> 3     raise Exception('x 不能大于 5。x 的值为：{}'.format(x))

Exception: x 不能大于 5。x 的值为：10

try:
    raise NameError('HiThere')
except NameError:
    print('An exception flew by!')
An exception flew by!
assert 1==1
assert 1==2
---------------------------------------------------------------
AssertionError                         Traceback (most recent call last)
<ipython-input-7-730332727407> in <module>
----> 1 assert 1==2

AssertionError:

try:
    s=None
    if s is None:
        print("s 是空对象")
        raise NameError    #若引发 NameError 错误，则后面代码不能执行
    print(len(s))
except TypeError:
    print("空对象没有长度")
s 是空对象
---------------------------------------------------------------
NameError                              Traceback (most recent call last)
<ipython-input-8-3e6476be8ebb> in <module>
      3     if s is None:
      4         print("s 是空对象")
----> 5         raise NameError    #若引发 NameError 错误，则后面代码不能执行
      6     print(len(s))
      7 except TypeError:

NameError:
```

### 3. assert

assert 语法格式如下。

```
assert expression[,arguments]
```

说明：先判断表达式 expression 的值，如果为 True，则什么都不做；如果为 False，则断言不通过，抛出异常。

## 8.5 实战任务

**任务 1**：创建一个文件 task801.txt，写入 hello,world 的字符，并输出显示。
设计目的：①掌握 open/close 操作；②掌握 write 操作。
源代码：python_task_Code\task8-1.ipynb。

**任务 2**：输入一个文件和一个字符，统计该字符在文件中出现的次数。
设计目的：①掌握文件打开操作；②掌握文件读操作；③掌握函数的定义与调用。
源代码：python_task_Code\task8-2.ipynb。

**任务 3**：输入一个数，计算其倒数，若此数为 0，则抛出异常，并输出除数不能为 0。
设计目的：掌握 try/except 语句的应用。
源代码：python_task_Code\task8-3.ipynb。

**任务 4**：用户登录判断：分别输入用户名和密码。如果用户名不是"李四"或者密码不是 123456，则主动抛出异常，输出错误原因；如果登录成功，则显示"登录成功！"。
设计目的：掌握 try/except/else/finally 语句的应用。
源代码：python_task_Code\task8-4.ipynb。

## 8.6 计算机等级考试试题训练

◆ 单选题

1. 关于程序的异常处理，以下选项中描述错误的是（　　）。
    A. 程序异常发生经过妥善处理可以继续执行
    B. 异常语句可以与 else 和 finally 保留字配合使用
    C. 编程语言中的异常和错误是完全相同的概念
    D. Python 通过 try、except 等保留字提供异常处理功能

2. 关于 Python 对文件的处理，以下选项中描述错误的是（　　）。
    A. Python 通过解释器内置的 open() 函数打开一个文件
    B. 当文件以文本方式打开时，读/写按照字节流方式
    C. 文件使用结束后要用 close() 方法关闭，释放文件的使用授权
    D. Python 能够以文本和二进制两种方式处理文件

3. 以下选项中不是 Python 对文件的写操作方法的是（　　）。
    A. Writelines　　　B. write 和 seek　　　C. writetext　　　D. write

4. 关于数据组织的维度，以下选项中描述错误的是（　　）。
    A. 一维数据采用线性方式组织，对应于数学中的数组和集合等概念
    B. 二维数据采用表格方式组织，对应于数学中的矩阵

C. 高维数据由键值对类型的数据构成,采用对象方式组织

D. 数据组织存在维度,字典类型用于表示一维和二维数据

5. 当用户输入 abc 时,下面代码的输出结果是(　　)。

```
try:
    n = 0
    n = input("请输入一个整数: ")
    def pow10(n):
        return n**10
except:
    print("程序执行错误")
```

  A. 输出: abc          B. 程序没有任何输出

  C. 输出: 0           D. 输出: 程序执行错误

6. 文件 book.txt 在当前程序所在目录内,其内容是一段文本: book,下面代码的输出结果是(　　)。

```
txt = open("book.txt", "r")
print(txt)
txt.close()
```

  A. book.txt    B. txt    C. book    D. 以上答案都不对

7. 异常处理结构中,用来捕获特定类型的异常的保留字是(　　)。

  A. except    B. do    C. pass    D. while

8. 以下选项中,不是 Python 对文件的读操作方法的是(　　)。

  A. Readline    B. readall    C. readtext    D. read

9. 关于 Python 文件处理,以下选项中描述错误的是(　　)。

  A. Python 能处理 JPG 图像文件     B. Python 不可以处理 PDF 文件

  C. Python 能处理 CSV 文件      D. Python 能处理 Excel 文件

10. 以下选项中,不是 Python 文件打开模式的是(　　)。

  A. 'w'    B. '+'    C. 'c'    D. 'r'

11. 以下程序输出到文件 text.csv 里的结果是(　　)。

```
fo = open("text.csv",'w')
x = [90,87,93]
z = []
for y in x:
    z.append(str(y))
fo.write(",".join(z))
fo.close()
```

  A. [90,87,93]    B. 90,87,93    C. '[90,87,93]'    D. '90,87,93'

12. 以下关于文件的描述错误的选项是(　　)。

  A. readlines()函数读入文件内容后返回一个列表,元素划分依据是文本文件中的换行符

  B. read()一次性读入文本文件的全部内容后,返回一个字符串

C. readline()函数读入文本文件的一行,返回一个字符串

D. 二进制文件和文本文件都是可以用文本编辑器编辑的文件

13. 有一个文件记录了 1000 个人的高考成绩总分,每一行信息长度是 20 字节,要想只读取最后 10 行的内容,不可能用到的函数是( )。

  A. seek()    B. readline()    C. open()    D. read()

14. 能实现将一维数据写入 CSV 文件中的是( )。

  A. fo = open("price2016bj.csv", "w")
    ls = ['AAA', 'BBB', 'CCC', 'DDD']
    fo.write(",".join(ls) + "\n")
    fo.close()

  B. fr = open("price2016.csv", "w")
    ls = []
    for line in fo:
     line = line.replace("\n","")
     ls.append(line.split(","))
    print(ls)
    fo.close()

  C. fo = open("price2016bj.csv", "r")
    ls = ['AAA', 'BBB', 'CCC', 'DDD']
    fo.write(",".join(ls) + "\n")
    fo.close()

  D. fname = input("请输入要写入的文件:")
    fo = open(fname, "w+")
    ls = ["AAA", "BBB", "CCC"]
    fo.writelines(ls)
    for line in fo:
     print(line)
    fo.close()

15. 以下程序输出到文件 text.csv 里的结果是( )。

```
fo =open("text.csv",'w')
x =[90,87,93]
fo. write(",".join(str(x)))
fo.close()
```

  A. [90,87,93]        B. 90,87,93

  C. ,9,0,,, ,8,7,,, ,9,3    D. [,9,0,,, ,8,7,,, ,9,3,]

16. 设 city.csv 文件内容如下。

巴哈马,巴林,孟加拉国,巴巴多斯
白俄罗斯,比利时,伯利兹

下面代码的执行结果是( )。

f =open("city.csv", "r")

```
ls = f.read().split(",")
f.close()
print(ls)
```

  A. ['巴哈马', '巴林', '孟加拉国', '巴巴多斯\n 白俄罗斯', '比利时', '伯利兹']
  B. [巴哈马，巴林，孟加拉国，巴巴多斯，白俄罗斯，比利时，伯利兹]
  C. ['巴哈马', '巴林', '孟加拉国', '巴巴多斯', '\n', '白俄罗斯', '比利时', '伯利兹']
  D. ['巴哈马', '巴林', '孟加拉国', '巴巴多斯', '白俄罗斯', '比利时', '伯利兹']

17. 执行如下代码。

```
fname = input("请输入要写入的文件: ")
fo = open(fname, "w+")
ls = ["清明时节雨纷纷,","路上行人欲断魂,","借问酒家何处有？","牧童遥指杏花村。"]
fo.writelines(ls)
fo.seek(0)
for line in fo:
    print(line)
fo.close()
```

以下选项中描述错误的是(　　)。
  A. fo.writelines(ls)将元素全为字符串的 ls 列表写入文件
  B. fo.seek(0)这行代码如果省略，也能打印输出文件内容
  C. 代码主要功能为向文件写入一个列表类型，并打印输出结果
  D. 执行代码时，从键盘输入"清明.txt"，则清明.txt 被创建

18. 关于 Python 文件打开模式的描述，以下选项中描述错误的是(　　)。
  A. 覆盖写模式 w　　B. 追加写模式 a　　C. 创建写模式 n　　D. 只读模式 r

19. 关于 CSV 文件的描述，以下选项中错误的是(　　)。
  A. CSV 文件的每一行是一维数据，可以使用 Python 中的列表类型表示
  B. CSV 文件通过多种编码表示字符
  C. 整个 CSV 文件是一个二维数据
  D. CSV 文件格式是一种通用的文件格式，应用于程序之间转移表格数据

20. 以下选项中，对文件的描述错误的是(　　)。
  A. 文件中可以包含任何数据内容
  B. 文本文件和二进制文件都是文件
  C. 文本文件不能用二进制文件方式读入
  D. 文件是一个存储在辅助存储器上的数据序列

21. 以下 Python 语言关键字在异常处理结构中用来捕获特定类型异常的选项是(　　)。
  A. for　　　　　B. lambda　　　　C. in　　　　　D. except

22. 运行以下程序。

```
try:
    num = eval(input("请输入一个列表:"))
    num.reverse()
    print(num)
except:
```

```
        print("输入的不是列表")
```
输入 1,2,3,则输出的结果是(    )。

  A. [1,2,3]  B. [3,2,1]  C. 运算错误  D. 输入的不是列表

23. 以下文件操作方法中,打开后能读取 CSV 格式文件的选项是(    )。

  A. fo = open("123.csv","w")  B. fo = open("123.csv","x")

  C. fo = open("123.csv","a")  D. fo = open("123.csv","r")

24. 以下关于异常处理的描述,正确的是(    )。

  A. try 语句中有 except 子句就不能有 finally 子句

  B. Python 中,可以用异常处理捕获程序中的所有错误

  C. 引发一个不存在索引的列表元素会引发 NameError 错误

  D. Python 中允许利用 raise 语句由程序主动引发异常

25. Python 文件只读打开模式是(    )。

  A. W  B. x  C. b  D. r

26. Python 文件读取方法 read(size)的含义是(    )。

  A. 从头到尾读取文件所有内容

  B. 从文件中读取一行数据

  C. 从文件中读取多行数据

  D. 从文件中读取指定 size 大小的数据。如果 size 为负数或者空,则读取到文件结束。

27. 关于数据组织的维度描述正确的是(    )。

  A. 二维数据由对等关系的有序或无序数据构成

  B. 高维数据由关联关系数据构成

  C. CSV 是一维数据

  D. 一维数据采用线性方式存储

28. 以下程序的输出结果是(    )。

```
s=''
try:
    for i in range(1, 10, 2):
        s.append(i)
except:
    print('error')
print(s)
```

  A. 1 3 5 7 9  B. [1, 3, 5, 7, 9]

  C. ,4,6,8,10  D. error

◆ 操作题

1. 读取考生文件夹下的"poem.txt"的内容,去除空行和注释行后,以行为单位进行排序,并将结果输出到屏幕上。输出结果如下。

A Grain of Sand
And a heaven in a wild flower,

```
And eternity in an hour.
Hold infinity in the palm of your hand,
To see a world in a grain of sand,
//考生文件夹中的 poem.txt
#Title
A Grain of Sand
#William Blake
To see a world in a grain of sand,
And a heaven in a wild flower,
Hold infinity in the palm of your hand,
And eternity in an hour.
//考生文件初始代码
_____
result = []
for line in _____:
    _____
    if len(line) != 0 and line[0] != "#":
        _____
result._____
for line in result:
    print(line)
f.close()
```

2. 输入一组水果名称并以空格分隔，共一行。示例格式如下。

苹果　杧果　草莓　杧果　苹果　草莓　杧果　香蕉　杧果　草莓

统计各类型水果的数量，按从多到少的顺序输出各水果的类型及对应数量，以英文冒号分隔，每个类型一行。输出结果保存在考生文件夹下，命名为 PY202.txt。输出参考格式如下。

```
杧果:4
草莓:3
苹果:2
香蕉:1
//考生文件初始代码
fo = open("PY202.txt","w")
txt = input("请输入类型序列: ")
...
d = {}
....
ls = list(d.items())
ls.sort(key=lambda x:x[1], reverse=True)     #按照数量排序
for k in ls:
    fo.write("{}:{}\n".format(k[0], k[1]))
fo.close()
```

3. 给出文件"论语.txt"，其内容采用逐句"原文"与逐句"注释"相结合的方式，通过【原文】标记《论语》原文内容，通过【注释】标记《论语》注释内容，具体文件格式可参考"论语.txt"文件（该题原本有输出示例文件，此处不给出，可直接参看代码）。

问题1(10分)：在 PY301-1.py 文件中修改代码，提取"论语.txt"文件中的原文内容，输出保存到考生文件夹下，命名文件为"论语-原文.txt"。要求：仅保留"论语.txt"文件中所有【原文】标签下面的内容，不保留标签，并去掉每行行首空格及行尾空格，无空行。原文小括号及内部数字是源文件中注释项的标记，请保留。

问题2(10分)：在 PY301-2.py 文件中修改代码，对"论语-原文.txt"或"论语.txt"文件进一步提纯，去掉每行文字中所有小括号及内部数字，保存为"论语-提纯原文.txt"文件。

"论语.txt"文件部分示例如下。

【原文】

子曰(1)："学(2)而时习(3)之，不亦说(4)乎？有朋(5)自远方来，不亦乐(6)乎？人不知(7)，而不愠(8)，不亦君子(9)乎？"

【注释】

(1) 子：中国古代对于有地位、有学问的男子的尊称，有时也泛称男子。《论语》书中"子曰"的子，都是指孔子。

(2) 学：孔子在这里所讲的"学"，主要是指学习西周的礼、乐、诗、书等传统文化典籍。

(3) 时习：在周秦时代，"时"字用作副词，意为"在一定的时候"或者"在适当的时候"，但朱熹在《论语集注》一书中把"时"解释为"时常"。"习"，指演习礼、乐或复习诗、书，也含有温习、实习、练习的意思。

(4) 说：音 yuè，同悦，愉快、高兴的意思。

(5) 有朋：一本作"友朋"。旧注说，"同门曰朋"，即同在一位老师门下学习的叫朋，也就是志同道合的人。

(6) 乐：与说有所区别。旧注说，悦在内心，乐则见于外。

(7) 人不知：此句不完整，没有说出人不知道什么，缺少宾语。一般而言，知，是了解的意思。人不知，是说别人不了解自己。

(8) 愠：音 yùn，恼怒，怨恨。

(9) 君子：《论语》书中的君子，有时指有德者，有时指有位者，此处指孔子理想中具有高尚人格的人。

```
//考生文件初始代码 PY301-1
fi = open("论语.txt", _____)
fo = open("论语-原文.txt", _____)
...
for line in fi:
    ...
    fo.write(line.lstrip())
...
//考生文件初始代码 PY301-2
fi = open("论语-原文.txt", _____)
fo = open("论语-提纯原文.txt", _____)
for line in fi:
    ...
    line=line.replace(_____)
    ...
```

4. 输入课程名称及考分，信息间采用空格分隔，每个课程一行，空行回车结束录入，示例格式如下。

数学　98
语文　89
英语　94
物理　74
科学　87

在屏幕上输出得分最高的课程及成绩，得分最低的课程及成绩，以及平均分（保留2位小数），输出保存在考生文件夹下，命名为PY202.txt。格式如下。

最高分课程是数学98,最低分课程是物理74,平均分是88.40.
//考生文件初始代码
#请在...处使用一行或多行代码替换
#请在_____处使用一行代码替换
fo=open("PY202.txt","w")
data=input("请输入课程名及对应的成绩:")              #课程名 考分
...
while data:
    ...
    data=input("请输入课程名及对应的成绩:")
...
fo.write("最高分课程是{} {},最低分课程是{} {},平均分是{:.2f}".format(_____))
fo.close()

5. 编写程序，实现将列表ls=[51,33,54,56,67,88,431,111,141,72,45,2,78,13,15,5,69]中的素数去除，并输出去除素数后列表的元素个数，结果保存在考生文件夹下，命名为PY202.txt。请结合程序整体框架，补充横线处代码。

//考生文件初始代码
fo=open("PY202.txt","w")
def prime(num):
    ......#可以是多行代码
ls=[51,33,54,56,67,88,431,111,141,72,45,2,78,13,15,5,69]
lis=[]
for i in ls:
    if prime(i)==False:
        _____#一行代码
fo.write(">>>{},列表长度为{}".format(_____,_____))
fo.close()

6. 使用Python的异常处理结构编写对数计算，要求底数大于0且不等于1，真数大于0，且输入的必须为实数，否则抛出对应的异常。

//考生文件初始代码
#请在...处使用一行或多行代码替换
#请在_____处使用一行代码替换
_____
try:
    a=eval(input('请输入底数:'))

```
        b = eval(input('请输入真数:'))
        c = _____
except ValueError:
    ...
except ZeroDivisionError:
    print('底数不能为 1')
except NameError:
    print('输入必须为实数')
else:
    print(c)
```

7. score.csv 文件中存储了某学生在一季度不同学科的月考成绩,求每一门学科在三个月中的平均成绩,并将结果输出在考生文件夹 avg-score.txt 下。参考格式:

语文:90.67
数学:88.00
英语:85.67
物理:67.33
科学:81.00

```
//考生文件初始代码
fi = open("score.csv","r")
fo = open("avg-score.txt","w")
ls = []
x = []
sum = 0
...
fi.close()
fo.close()
```

8. 设计一个猜字母的程序,程序随机给出 26 个小写字母中的一个,答题者输入猜测的字母,若输入的不是 26 个小写字母之一,让用户重新输入;若字母在答案之前或之后,程序给出相应正确提示,若答错 5(含)次,则答题失败并退出游戏;若回答正确,程序输出回答次数并退出游戏。

```
//考生文件初始代码
import _____
letter_list = ['a', 'b', 'c', 'd', 'e', 'f','g',
'h', 'i', 'j', 'k', 'l','m', 'n',
'o', 'p', 'q', 'r', 's', 't',
'u', 'v', 'w', 'x', 'y', 'z']
letter = letter_list[random._____(0, 25)]
count = 0
while True:
    ...
```

9. 考生文件夹下的文件 data.txt 是教育部中国大学 MOOC 平台的某个 HTML 页面源文件,里面包含了我国参与 MOOC 建设的一批大学或机构列表。

问题 1:请编写程序,从 data.txt 中提取大学或机构名称列表,将结果写入文件 univ.txt,每行一个大学或机构名称,按照大学或机构在 data.txt 出现的先后顺序输出,样例如下。

...
北京理工大学
...
北京师范大学
...

提示：所有大学名称在 data.txt 文件中以 alt="北京理工大学"形式存在。在考生文件夹下给出了程序框架文件 PY301-1.py，补充代码完成程序(10 分)。

以下给出了 data.txt 文件中的某个关键元素文本(编写代码的关键)。

```
<a class="u-usity f-fl" href="https://www.icourse163.org/university/PKU" target="blank">
<img class="" id="" src="%E5%A4%A7%E5%AD%A6%E5%88%97%E8%A1%A8%E4%B8%AD%E5%9B%BD%E5%A4%A7%E5%AD%A6MOOC(%E6%85%95%E8%AF%BE)_files/370D4ADD98FE6993DE1970DB0060ACCA.png" alt="北京大学" width="164" height="60">
</a>
```

问题 2：请编写程序，从 univ.txt 文件中提取大学名称，大学名称以出现"大学"或"学院"字样为参考，但不包括"大学生"等字样，将所有大学名称在屏幕上输出，大学各行之间没有空行，最后给出名称中包含"大学"和"学院"的名称数量，同时包含"大学"和"学院"的名称以结尾的词作为其类型。样例如下(样例中数量不是真实结果)。

...
北京理工大学
...
长沙师范学院
...
包含大学的名称数量是 10
包含学院的名称数量是 10

在考生文件夹下给出了程序框架文件 PY301-2.py，补充代码完成程序(10 分)。

```
//考生文件初始代码 PY301-1.py
_____                                    #此处可多行
f = open("univ.txt", "w")
_____                                    #此处可多行
f.close()

//考生文件初始代码 PY301-2.py
f = open("univ.txt", "r")
n = 0                                       #包含大学的名称数量
_____                                    #此处可多行
f.close()
print("包含大学的名称数量是{}".format(n))
```

# 第 9 章

# 类 与 对 象

**学习目标**
- 领会面向对象程序设计思想。
- 熟练掌握类和对象的定义和使用方法。
- 理解并运用三大特性(封装、继承和多态)。

## 9.1 面向对象概述

面向对象程序设计(object oriented programming,OOP)是将软件结构建立在对象上,而不是功能上(面向过程),通过对象来逼真地模拟现实世界中的事物,使计算机在求解问题时更加类似人的思维活动。面向对象使用类来封装程序和数据,对象是类的实例,类和对象是程序的基本单元。类是具有相同或相似的属性和操作(或方法)的一组对象的集合,是独立的程序单位,由类名来标识,包括属性定义和方法定义两个主要部分。对象是系统中用来描述客观事物的一个实体,是类的封装体,是类的实例化结果。

面向对象的三大基本特性为封装、继承和多态。继承是在现有类的基础上通过添加属性或方法来对现有类进行扩展。通过继承创建的新类称为子类或派生类,被继承的类称为父类或基类、超类。在开发过程中,类的继承性使软件具有开放性、可扩展性,并提高了软件的可复用性;多态是指相同的操作、方法或过程可作用于多种类型的对象,并可获得不同的结果,从而增加软件的灵活性。

## 9.2 类与对象概述

**1. 类的定义和对象的创建**

(1) 类的定义:class 是关键字,类名定义采用驼峰规则,使用缩进标识。
Python 中定义类的语法格式如下。

语法形式 1(新式类):
```
class className():
    classVariable
    classFunction
```
语法形式 2(经典类):
```
class className:
```

```
classVariable
classFunction
```

(2) 对象就是类的实例,类的实例化就是创建类的对象。python 中创建对象的方法如下。

```
objectNanme = className()
```

常见用法实例(资源包: PythonCode\09-01.py)如下。

```
#类的定义
class MyClass():                          #通过关键字 class 定义类
    #定义类的属性
    i = 100
    #定义实例方法,必须有一个额外的第一个参数名称,习惯写成 self。
    def f(self):
        print('hello world')
        self.i = 200                      #修改类的属性值
        print("类的属性引用", self.i)       #类属性值引用

#实例化类,即创建类的具体对象 x,相当于一个变量 x
x = MyClass()
#通过实例访问类的属性
print("MyClass 类的属性 i 为:", x.i)
#通过实例访问类的实例化方法
x.f()
print("MyClass 类的属性 i 为:", x.i)
```

执行 PythonCode\09-01.py 程序的输出结果如下。

```
MyClass 类的属性 i 为: 100
hello world
类的属性引用 200
MyClass 类的属性 i 为: 200
```

(3) 关于 self。

self 代表类的实例(对象)本身,非类,代表实例对象的地址,且位于参数列表的开头,不能缺少。可以使用 self 引用类的属性和成员函数。

常见用法实例(资源包: PythonCode\09-02.py)如下。

```
#self 代表类实例对象
class Test:
    def prt(self):
        print(self)
        print(self.__class__)
t = Test()
t.prt()
```

执行 PythonCode\09-02.py 的程序输出结果如下。

```
<__main__.Test object at 0x000001927CE351F0>
<class '__main__.Test'>
```

说明：

① 直接定义在类中的变量叫作类变量，也称类属性，是所有对象共享的变量，也称静态变量。类属性分为公有和私有属性，用添加两个下画线"__"的方式声明私有属性。

② 在实例方法中定义的变量叫作实例变量。调用实例变量有两种方式：在类外通过对象直接调用，在类内通过 self 间接调用。

③ 实例方法定义和普通函数类似，但必须定义第一个参数，习惯写成 self，调用时，可以不传递参数 self。当创建对象时，self 参数指向该对象。当调用时，会通过参数得知哪个对象调用了该方法。定义类时，还可以使用装饰器定义类方法（@classmethod）和静态方法（@staticmethod）。

④ 在 Python 中，对象支持两种操作：引用和实例化。引用是通过类对象来调用类中的属性或方法；实例化是生成类对象的实例，也称实例对象，通过实例对象来引用类中的属性或方法。

**2. 方法**

在 Python 中，类的定义方法有 3 种：实例方法、类方法和静态方法。实例方法一般都以 self 作为第一个参数，必须和具体的实例对象绑定才能访问，执行时，自动调用该方法的对象赋值给 self；类方法必须以 cls 作为第一个参数，表示类本身，定义时使用 @classmethod 装饰器；静态方法定义时使用装饰器 @staticmethod，不需要默认参数，不能使用实例变量，可以通过类名或者实例对象名来调用。

常见用法实例（资源包：PythonCode\09-03.py）如下。

```python
class Dog():
    age = 3                                      #类变量
    def __init__(self):
        self.name = "XiaoBai"                    #实例变量
    def run(self):                               #实例方法
        print("{} years old's {} is running!".format(self.age, self.name))

    @classmethod
    def eat(cls):
        #print(cls.name)                         #类方法,不能访问实例变量(属性)
        print("XiaoHei is {} years old".format(cls.age))   #类方法只能访问类变量

    @staticmethod
    def sleep(name):
        #静态方法与类无关,只能类中的一个功能而已
        #静态方法不能访问类变量和实例变量
        print("{} is sleeping".format(name))

d = Dog()
d.run()                        #通过实例化对象调用实例方法
Dog.run(d)                     #通过类名称调用实例方法,需要在方法中传入实例对象
d.eat()                        #通过实例化对象调用类方法
Dog.eat()                      #通过类名称调用类方法
d.sleep("XiaoLan")             #通过实例化对象调用静态方法
Dog.sleep("XiaoLan")           #通过类名称调用静态方法
```

执行 PythonCode\09-03.py 程序的输出结果如下。

```
3 years old's XiaoBai is running!
3 years old's XiaoBai is running!
XiaoHei is 3 years old
XiaoHei is 3 years old
XiaoLan is sleeping
XiaoLan is sleeping
```

其他方法为 \_\_init\_\_()、\_\_str\_\_()和\_\_del\_\_()。在这里只讲解初始化方法\_\_init\_\_()，其在定义对象时自动执行。常见用法实例(资源包：PythonCode\09-04.py)如下。

```python
class people():
    #定义类属性
    name = ''
    age = 0
    #定义私有属性,私有属性在类外部无法直接进行访问
    __weight = 0

    #定义构造方法
    def __init__(self, n, a, w):
        #通过 self 访问类属性变量
        self.name = n
        self.age = a
        self.__weight = w
    def speak(self):
        print("%s 说: 我 %d 岁。"%(self.name, self.age))

#实例化类,自动执行构造方法__init__
p = people('runoob', 8, 40)
#执行构造方法后,name=runoob,age=8,__weight=40
p.speak()
print(p.age)
#访问私有属性出错
print(p.__weight)
```

执行 PythonCode\09-04.py 程序的输出结果如下。

```
runoob 说: 我 8 岁。
8
Traceback (most recent call last):
  File "D:/python教材编写/python_book_code/PythonCode/09-04.py", line 24, in <module>
    print(p.__weight)
AttributeError: 'people' object has no attribute '__weight'
```

## 9.3 继承与多态

继承和多态是面向对象程序设计思想的重要机制,通过继承机制可实现代码重用和扩展性,从而提高开发效率。子类(派生类 DerivedClassName)会继承父类(基类 BaseClassName)的

属性和方法。多态就是多种形态,根据引用对象的不同表现不同的行为方式,比如子类覆盖父类的同名方法等。

(1) 单继承——常见用法实例(资源包:PythonCode\09-05.py)如下。

```
class people():
    name = ''
    age = 0
    #定义私有属性,私有属性在类外部无法直接进行访问
    __weight = 0
    #定义构造方法
    def __init__(self, n, a, w):
        self.name = n
        self.age = a
        self.__weight = w
    def speak(self):
        print("%s 说: 我 %d 岁。" %(self.name, self.age))

#单继承——这里子类 student 继承了父类 people
class student(people):
    grade = ''
    def __init__(self, n, a, w, g):
        #调用父类的构函,提高代码——复用性
        people.__init__(self, n, a, w)
        self.grade = g
    #方法重写——覆写父类的方法 speak()
    def speak(self):
        print("%s 说: 我 %d 岁了,我在读 %d 年级" % (self.name, self.age, self.
        grade))

s0=people("tom",20,120)
s =student('ken', 10, 60, 3)
#多态——通过覆写父类方法,实现相同方法名的不同形态
s0.speak()
s.speak()
```

执行 PythonCode\09-05.py 程序的输出结果如下。

tom 说: 我 20 岁。
ken 说: 我 10 岁了,我在读 3 年级

(2) 多继承——常见用法实例(资源包:PythonCode\09-06.py)如下。

```
class people():
    name = ''
    age = 0
    __weight = 0
    def __init__(self, n, a, w):
        self.name = n
        self.age = a
        self.__weight = w
    def speak(self):
```

```
            print("%s 说:我 %d 岁。" %(self.name, self.age))
class student(people):
    grade =''
    def __init__(self, n, a, w, g):
        people.__init__(self, n, a, w)
        self.grade =g
    def speak(self):
        print("%s 说:我 %d 岁了,我在读 %d 年级" % (self.name, self.age, self.
        grade))
class speaker():
    topic =''
    name =''
    def __init__(self, n, t):
        self.name =n
        self.topic =t
    def speak(self):
        print("我叫 %s,我是一个演说家,我演讲的主题是 %s" %(self.name, self.topic))

#多重继承,即 sample 类继承了 speaker 和 student 类
class sample(speaker, student):
    a =''
    def __init__(self, n, a, w, g, t):
        student.__init__(self, n, a, w, g)
        speaker.__init__(self, n, t)

test =sample("Tim", 25, 80, 4, "Python")
test.speak() #方法名同,默认调用括号中参数位置排前父类的方法,即 speaker 中的 speak()
```

执行 PythonCode\09-06.py 程序的输出结果如下。

我叫 Tim,我是一个演说家,我演讲的主题是 Python

说明:类与对象,未列入全国计算机等级考试考点,同时很多教程也没有讲解该知识点,但是 Python 在人工智能、大数据分析等热点问题中有重要应用,所以笔者结合专业开发环境 PyCharm 对类与对象进行了简要介绍,为从事软件开发的读者奠定基础。

# 第 10 章

# 标准库与第三方库

**学习目标**
- 了解 Python 计算生态,理解库包模块概念。
- 掌握 Python 库安装与导入方法。
- 掌握常用标准库(random、time、turtle 等)。
- 掌握常用第三方库。

## 10.1 计算生态及其概念

Python 语言具有胶水的黏性,可以调用很多采用非 Python 编写的专业库的程序接口。因为这个特性,Python 迅速形成了全球最大的编程语言开放社区,建立了十几万个庞大的第三方库,构建了 Python 计算生态。

**1. 基本概念及载入方法**

模块(module)是一个包含定义函数、类、变量,和可执行代码的脚本文件,文件名为模块名,文件后缀为.py。在一个模块内部,模块名可以通过 __name__ 方法获得,其好处是大大提高了代码的可维护性和复用性。

常用导入模块的方式如下。

```
import 模块名
from 模块名 import 功能名
from 模块名 import *
import 模块名 as 别名
from 模块名 import 功能名 as 别名
```

常见用法实例(资源包:PythonCode\10-01.ipynb)如下。

```
In [1]: #import 模块名
        import math  #内置数学运算库
        print(math.sqrt(2))
        #print(math.pi)  #3.141592653589793
        1.4142135623730951
        3.141592653589793
```

```
In [2]:  #from...import...
         from math import *
         print(sqrt(2))
         print(pi)   #3.141592653589793
1.4142135623730951
3.141592653589793
```

```
In [3]:  #from ...import *
         #一般不建议使用,*代表all,将导入模块名的所有功能
         from math import *
         print(sqrt(2))
         print(pi)   #3.141592653589793
1.4142135623730951
3.141592653589793
```

```
In [4]:  #as 定义别名
         import math as m
         m.sqrt(2)
         m.pi   #3.141592653589793
         #功能别名
         from math import factorial as fact   #阶乘
         fact(5)   #6
```

包(package)将多个模块分为一个包。简单来说,包就是文件夹,但该文件夹下必须存在__init__.py 文件,该文件的内容可以为空。

库(library)是具有相关功能模块的集合。在 Python 中,具有某些功能的模块和包都可以被称作库。模块由诸多函数组成,包由诸多模块机构化组成,库中也可以包含包、模块和函数。通常情况,将模块、包和库都称为库。

**2. 自定义模块及属性__main__**

在 Python 中,每个 Python 文件都可以作为一个模块,模块的名字就是文件的名字,后缀名为.py。自定义模块名必须要符合标识符命名规则。

常见用法实例(资源包:PythonCode\10-02.ipynb、MyModule.py 和 MyModuleTest.py)如下。

```
In [1]:  #自定义模块 MyModuleTest,并调用模块中的函数 myFun()
         import MyModuleTest

         MyModuleTest.myFun()
hello,world
```

```
In [2]:  #模块 MyModule 中,先 if-else 语句中的 else 执行函数 myFun()一次,然后 myFun()
           调用执行一次
         import MyModule

         MyModule.myFun()
         #MyModule.myFun00()
         MyModule
hello, world, 21databig
```

## 10.2 常见标准库

大部分 Python 标准库,随 python 安装包一起发布,不需要下载和安装,但是需要用 import 导入。标准库有很多,这里只介绍常见的标准库。

**1. random**

random 库是用于产生并运用随机数的标准库。random 库常见随机函数如表 10-1 所示。

表 10-1　random 库常见随机函数

| 函　　数 | 说　　明 |
| --- | --- |
| seed() | 设置随机种子,默认值为当前系统时间 |
| random() | 随机产生一个[0,1]的随机小数 |
| randint(m,n) | 返回一个在[m,n]的整数 |
| randrange(start,end,step) | 从 start 到 end 但不包括 end,步长为 step 的随机整数 |
| choice(seq) | 从系列类型 seq 中随机返回一个元素 |
| shuffle(seq) | 将系列 seq 中的元素随机排列,并返回打乱后的序列 seq |
| uniform(m,n) | 生成一个在[m,n]的数 |
| sample(pop,k) | 从 pop 类型中随机选取 k 个元素,以列表类型返回 |
| getrandbits(k) | 生成占内存 k 位以内的随机整数 |

常见用法实例(资源包:PythonCode\10-03.ipynb)如下。

```
import random
random.random()  #每次产随机数不一样,所以输出结果不一样
0.2814992047961178

a=[1,2,3,4,5,6]
random.shuffle(a)
print(a)
[5, 3, 4, 2, 6, 1]

random.choice(a)
3

random.getrandbits(8)
105

random.uniform(10,11)
10.202720304179344

random.randint(10,12)
12
```

```
random.randrange(10,100,50)
10
```

**2. time**

time 库是 Python 提供的处理时间的标准库。time 库包括以下三类函数。

时间获取：time()、ctime()、gmtime()、localtime()。

时间格式化：strftime()、strptime()、asctime()。

程序计时：sleep()、perf_counter()。

常见用法实例（资源包：PythonCode\10-04.ipynb）如下。

```
import time
print(time.time())
print(time.ctime())
print(time.gmtime())
print(time.localtime())
1716719162.21638
Sun May 26 18:26:02 2024
time.struct_time(tm_year=2024, tm_mon=5, tm_mday=26, tm_hour=10, tm_min=26, tm_sec=2, tm_wday=6, tm_yday=147, tm_isdst=0)
time.struct_time(tm_year=2024, tm_mon=5, tm_mday=26, tm_hour=18, tm_min=26, tm_sec=2, tm_wday=6, tm_yday=147, tm_isdst=0)

t=time.gmtime()
print(time.strftime("%Y-%m-%d %H:%M:%S",t))
print(time.strptime("2018-01-26 12:55:20","%Y-%m-%d %H:%M:%S"))
2024-05-26 10:28:41
time.struct_time(tm_year=2018, tm_mon=1, tm_mday=26, tm_hour=12, tm_min=55, tm_sec=20, tm_wday=4, tm_yday=26, tm_isdst=-1)

start = time.perf_counter()
end = time.perf_counter()
print(start)
print(end)
print(end-start)
947.8433668
947.8433884
2.159999996820261e-05

print("开始")
time.sleep(3.3)
print("结束")
开始
结束
```

**3. turtle**

turtle 库是一种标准库，可以用来绘制线条、圆、文本等图形。turtle（海龟）是一种真实的存在，有一个海龟在窗口的正中心，在画布上游走，走过的轨迹形成了绘制的图形，海龟由程序控制，可改变颜色、宽度等。画布就是 turtle 用于绘图的区域，我们可以设置它的大小和初始位置。turtle 库包含 100 多个功能函数，主要包括窗体函数、画笔状态函数和画笔运动函数 3 类。

（1）窗体函数。turtle.setup(width,height,startx,starty)用来设置窗口初始位置及大小，参数关系如图 10-1 所示。

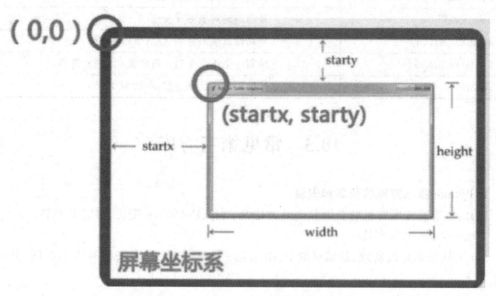

图 10-1　turtle.setup()函数参数关系

（2）画笔状态函数。turtle 库画笔状态函数如表 10-2 所示。

表 10-2　turtle 库画笔状态函数

| 函　　数 | 说　　明 |
| --- | --- |
| pendown() | 放下画笔，移动画笔将绘制形状 |
| penup() | 提起画笔，移动画笔不绘制形状 |
| pensize(width) | 画笔线条粗细为 width，无参数时返回当前画笔宽度 |
| pencolor() | 画笔颜色 |
| begin_fill() | 设置填充区域色彩 |
| end_fill() | 填充图形结束 |
| clear() | 清空当前窗口，但不改变当前画笔的位置 |
| reset() | 清空当前绘图窗口，位置和角度归为原点 |
| filling() | 返回填充状态，True 为填充，False 为未填充 |

（3）画笔运动函数。turtle 库画笔运动函数如表 10-3 所示。

表 10-3　turtle 库画笔运动函数

| 函　　数 | 说　　明 |
| --- | --- |
| forward(distance) | 向当前方向前进 distance 距离 |

续表

| 函　数 | 说　明 |
|---|---|
| backward(distance) | 向反方向前进 distance 距离 |
| right(angle)/left(angle) | 向右/左旋转 angle 角度 |
| goto(x,y) | 移动到绝对坐标 x,y 处 |
| setx(X)/sety(Y) | 分别修改横坐标到 X/纵坐标到 Y |
| Circle(radius,e) | 绘制一个指定半径 r 和角度 e 的圆和弧形 |
| speed() | 设置画笔的绘制速度,参数为 0~10 |

## 10.3　常见第三方库

**1. Python 第三方库的获取和安装**

Python 第三方库常见的获取和安装方法是:pip、PyCharm 安装、自定义安装。

方法一:pip 工具安装

pip 工具安装是最高效、最简单的 Python 第三方库安装方法,安装时需要联网,其命令格式如下。

:\>pip install 第三方库的名称

由于 Python 的官网不在中国,所以网速比较慢,为了解决这个问题,我们可以在"pip install 第三方库的名称"后面加一个"-i",再到后面加一个镜像源。比如:

:\>pip install numpy -i https://pypi.tuna.tsinghua.edu.cn/simple

另外,若在没有网络或者第三库安装失败的情况下,可直接采用文件安装方式安装第三方库。先下载安装文件,再用 pip 安装。比如:

:\>pip install 路径+库名(已下载)

pip 除了用于安装第三方库,还有其他作用,例如:

pip uninstall 第三方库的名称:卸载指定第三方库。

pip download 第三方库的名称:下载但是不安装第三方库。

pip list:查看已安装的第三方库。

方法二:PyCharm 安装(推荐)

单击 File 菜单,在下拉列表中找到 setting 并单击,然后单击 Project 目录,找到下面的 Python Interpreter,单击,显示的就是一些已安装的库,单击＋号,可以安装其他库。也可单击 Terminal,然后输入 pip install 第三方库名。

方法三:自定义安装

打开想要安装的第三方库的官方主页,浏览网页找到下载链接,然后依据提示进行安装。

**2. 常见第三方库介绍**

(1) PyInstaller 库。PyInstaller 可将 Python 程序生成可直接运行的程序,分发到对应的 Windows 或 Mac OS X 平台上运行。PyInstaller 工具的命令语法如下。

:\>pyinstaller 选项 Python 源文件

(2) jieba 库。jieba 是优秀的中文分词第三方库。由于中文文本之间每个汉字都是连续书写的，我们需要通过特定的手段来获得其中的每个词组，这种手段叫作分词，可以通过 jieba 库来完成这个过程。jieba 分词的三种模式：精确模式--jieba.cut(s)、全模式--jieba.lcut(s,cut_all=True)、搜索引擎模式--jieba.lcut_for_search(s)。

示例如下。

```
import jieba
jieba.lcut("全国计算机等级考试")
Building prefix dict from the default dictionary ...
Dumping model to file cache C:\Users\Jiming\AppData\Local\Temp\jieba.cache
Loading model cost 0.571 seconds.
Prefix dict has been built successfully.
['全国', '计算机', '等级', '考试']
```

(3) Wordcloud 库。Wordcloud 词云以词语为基本单位，可更加直观和艺术地展示文本。wordcloud 库把词云当作一个 worldCloud 对象，wordcloud.wordCloud()代表一个文本对应的词云，可以根据文本中词语出现的频率等参数绘制词云。词云的形状、尺寸和颜色都可以设定。

示例如下。

```
import wordcloud
w =wordcloud.WordCloud()              #一个文本对应的词云
w.generate("Python and WordCloud")    #向 WordCloud 对象 w 中加载文本
w.to_file("pywordcloud.png")          #将词云输出为图像文件 .png 或.jpg 格式
<wordcloud.wordcloud.WordCloud at 0x1f2c3f40fa0>
```

(4) Request 库。Requests 是一个很实用的 Python HTTP 客户端库，在爬虫和测试服务器响应数据时经常会用到。requests 是 Python 语言的第三方库，专门用于发送 HTTP 请求，使用起来比 urllib 简洁很多，其最大优点是程序编写过程更接近正常 URL 访问过程。

更多请参阅文档：https://www.python-requests.org/。

(5) Beautifulsoup。BeautifulSoup 的主要功能是从网页抓取数据。BeautifulSoup 可自动将输入文档转换为 Unicode 编码，输出文档转换为 utf-8 编码。BeautifulSoup 支持 Python 标准库中的 HTML 解析器，还支持一些第三方的解析器，如果我们不安装它，则 Python 会使用 Python 默认的解析器。BeautifulSoup 也是一个 HTML/XML 的解析器，主要功能是解析和提取 HTML/XML 数据。

(6) NumPy 库。NumPy 是一个功能强大的 Python 科学计算扩展库，主要用于对多维数组执行计算。NumPy 这个词来源于两个单词：Numerical 和 Python。NumPy 提供了大量的库函数和操作，可以帮助程序员轻松地进行数值计算，在数据分析和机器学习领域被广泛使用。NumPy 有以下几个特点。

- NumPy 内置了并行运算功能，当系统有多个核心时，做某种计算时，NumPy 会自动做并行计算。

- NumPy 底层使用 C 语言编写，内部解除了 GIL（全局解释器锁），其对数组的操作速度不受 Python 解释器的限制，效率远高于纯 Python 代码。
- 有一个强大的 N 维数组对象 Array（一种类似于列表的东西）。
- 实用的线性代数、傅里叶变换和随机数生成函数。

更多请参阅文档：https://www.numpy.org/。

（7）Pandas。Pandas 是一种开源的、易于使用的数据结构，是 Python 编程语言的数据分析工具。它可以对数据进行导入、清洗、处理、统计和输出。Pandas 是基于 NumPy 的，被广泛用于快速分析数据，可以说，Pandas 库就是为数据分析而生的。Pandas 的名字由 "Panel data"（面板数据，一个计量经济学名词）两个单词拼成。Pandas 能很好地处理来自各种不同来源的数据，比如 Excel 表格、CSV 文件、SQL 数据库，甚至还能处理存储在网页上的数据，常常与 NumPy、Matplotlib 一起使用。简单地说，可以把 Pandas 看作是 Python 版的 Excel。Pandas 库的两个主要数据结构：Series，一维；DataFrame，多维。

更多请参阅文档：https://pandas.pydata.org/。

（8）Matplotlib。Matplotlib 是 Python 中最常用的可视化工具之一，可以非常方便地创建海量类型的 2D 图表和一些基本的 3D 图表，可根据数据集（DataFrame，Series）自行定义 x,y 轴，绘制图形（线形图、柱状图、直方图、密度图、散布图等），能够解决大部分的需要。Matplotlib 中最基础的模块是 pyplot。

更多请参阅官方文档：https://matplotlib.org/。

（9）sklearn。sklearn 是 scikit-learn 的简称，是一个基于 Python 的第三方模块，是一个通用型开源机器学习库，它几乎涵盖了所有机器学习算法，是进行数据挖掘和分析的便捷高效工具。sklearn 对一些常用的机器学习方法进行了封装，在进行机器学习任务时，并不需要实现算法，只需要简单地调用 sklearn 里的模块就可以实现大多数机器学习任务。sklearn 库是在 NumPy、Scipy 和 Matplotlib 的基础上开发而成的，因此在安装 sklearn 前，需要先安装这些依赖库。

sklearn 库主要分为以下 6 个板块：分类（classification）、回归（regression）、聚类（clustering）、降维（dimensionality reduction）、模型选择（model selection）、预处理（preprocessing）。

更多请参阅官方文档：https://scikit-learn.org。

（10）PIL。PIL 的全称是 Python Imaging Library。PIL 是一个强大的、方便的 Python 图像处理库，功能非常强大，曾经一度被认为是 Python 平台上的图像处理标准库，不过 Python 2.7 以后不再支持。Pillow 是基于 PIL 模块 fork 的一个派生分支，但如今已经发展成为比 PIL 本身更具活力的图像处理库。PIL 软件包提供了基本的图像处理功能，如改变图像大小，旋转图像，图像格式转换，色场空间转换，图像增强，直方图处理，插值和滤波等。

Pillow 和 PIL 不能在同一个环境中共存，在安装 Pillow 之前，请先卸载 PIL。使用命令安装 PIL 库：pip install pillow。

更多请参阅官方文档：https://pillow.readthedocs.io。

（11）PyTorch。PyTorch 是一个优化的张量库，主要用于 gpu 和 cpu 的深度学习。PyTorch 是一个针对 Python 的开源机器学习库，主要由 Facebook 人工智能研究团队开发。PyTorch 是基于 Python 和 Torch 库构建的，支持在图形处理单元上计算张量，目前是深度学习和人工智能研究界最喜欢使用的库。

更多请参阅官方文档：https://pytorch.org/。

## 10.4 实 战 任 务

**任务1**：使用turtle绘制一个五角星。
设计目的：①掌握标准库turtle导入方法；②掌握turtle库中方法的应用。
源代码：python_task_Code\task10-1.ipynb。

**任务2**：利用random库生成一个包含10个0~100之间随机整数的列表。
设计目的：①掌握标准库random导入方法；②掌握random库中方法的应用。
源代码：python_task_Code\task10-2.ipynb。

## 10.5 计算机等级考试试题训练

◆ 单选题

1. 关于import引用，以下选项中描述错误的是(　　)。
   A. 使用import turtle引入turtle库
   B. 可以使用from turtle import setup引入turtle库
   C. 使用import turtle as t引入turtle库，取别名为t
   D. import保留字用于导入模块或者模块中的对象
2. 以下选项中是Python中文分词的第三方库的是(　　)。
   A. Jieba　　　　　B. itchat　　　　　C. time　　　　　D. turtle
3. 以下选项中使Python脚本程序转变为可执行程序的第三方库的是(　　)。
   A. pygame　　　　B. PyQt5　　　　　C. PyInstaller　　　D. random
4. 以下选项中不是Python数据分析的第三方库的是(　　)。
   A. NumPy　　　　B. Scipy　　　　　C. Pandas　　　　D. Requests
5. 如果当前时间是2018年5月1日10点10分9秒，则下面代码的输出结果是(　　)。
```
import time
print(time.strftime("%Y=%m-%d@%H>%M>%S", time.gmtime()))
```
   A. 2018=05-01@10＞10＞09　　　　B. 2018=5-1 10＞10＞9
   C. True@True　　　　　　　　　　D. 2018=5-1@10＞10＞9
6. 执行如下代码。
```
import time
print(time.time())
```
以下选项中描述错误的是(　　)。
   A. time库是Python的标准库
   B. 可使用time.ctime()，显示为更可读的形式
   C. time.sleep(5)推迟调用线程的运行，单位为毫秒
   D. 输出自1970年1月1日00：00：00 AM以来的秒数
7. 执行后可以查看Python的版本的是(　　)。

A. import sys print(sys.Version)

B. import system print(system.version)

C. import system print(system.Version)

D. import sys print(sys.version)

8. Python 数据分析方向的第三方库是（　　）。
  A. pdfminer  B. BeautifulSoup4  C. time  D. NumPy

9. Python 机器学习方向的第三方库是（　　）。
  A. PIL  B. PyQt5  C. TensorFlow  D. Random

10. Python Web 开发方向的第三方库是（　　）。
  A. Django  B. Scipy  C. Pandas  D. Requests

11. 执行如下代码。

```python
import turtle as t
def DrawCctCircle(n):
    t.penup()
    t.goto(0,-n)
    t.pendown()
    t.circle(n)
for i in range(20,80,20):
    DrawCctCircle(i)
t.done()
```

在 Python Turtle Graphics 中，绘制的图形是（　　）。
  A. 同切圆  B. 同心圆  C. 笛卡尔心形  D. 太极

12. 以下选项中，不是 Python 中用于开发用户界面的第三方库是（　　）。
  A. PyQt  B. wxPython  C. pygtk  D. turtle

13. 以下选项中，不是 Python 中用于进行数据分析及可视化处理的第三方库是（　　）。
  A. Pandas  B. mayavi2  C. mxnet  D. NumPy

14. 以下选项中，不是 Python 中用于进行 Web 开发的第三方库是（　　）。
  A. Django  B. Scrapy  C. Pyramid  D. Flask

15. 关于 time 库的描述，以下选项中错误的是（　　）。

  A. time 库提供获取系统时间并格式化输出功能

  B. time.sleep(s)的作用是休眠 s 秒

  C. time.perf_counter()返回一个固定的时间计数值

  D. time 库是 Python 中处理时间的标准库

16. 关于 jieba 库的描述，以下选项中错误的是（　　）。

  A. jieba.cut(s)是精确模式，返回一个可迭代的数据类型

  B. jieba.lcut(s)是精确模式，返回列表类型

  C. jieba.add_word(s)是向分词词典里增加新词 s

  D. jieba 是 Python 中一个重要的标准函数库

17. 以下选项中，修改 turtle 画笔颜色的函数是（　　）。
  A. seth()  B. colormode()  C. bk()  D. pencolor()

18. 以下选项中，Python 网络爬虫方向的第三方库是（　　）。
    A. NumPy　　　　B. openpyxl　　　　C. PyQt5　　　　D. scrapy
19. 以下选项中，Python 数据分析方向的第三方库是（　　）。
    A. PIL　　　　B. Django　　　　C. Pandas　　　　D. flask
20. 以下选项中，Python 机器学习方向的第三方库是（　　）。
    A. TensorFlow　　B. Scipy　　　　C. PyQt5　　　　D. Requests
21. 执行如下代码。

```
import turtle as t
for i in range(1,5):
    t.fd(50)
    t.left(90)
```

在 Python Turtle Graphics 中，绘制的是（　　）。
    A. 五边形　　　　B. 三角形　　　　C. 五角星　　　　D. 正方形
22. 以下用于绘制弧形的函数是（　　）。
    A. turtle.seth()　　B. turtle.right()　　C. turtle.circle()　　D. turtle.fd()
23. 对于 turtle 绘图中颜色值的表示，以下选项中错误的是（　　）。
    A. (190，190，190)　　　　　　B. BEBEBE
    C. ♯BEBEBE　　　　　　　　D. "grey"
24. 关于 random 库，以下选项中描述错误的是（　　）。
    A. 设定相同种子，每次调用随机函数生成的随机数相同
    B. 通过 from random import * 可以引入 random 随机库
    C. 通过 import random 可以引入 random 随机库
    D. 生成随机数之前必须要指定随机数种子
25. 关于 random.uniform(a,b) 的作用描述，以下选项中正确的是（　　）。
    A. 生成一个[a，b]的随机小数
    B. 生成一个均值为 a，方差为 b 的正态分布
    C. 生成一个[a，b]的随机数
    D. 生成一个[a，b]的随机整数
26. 以下选项中，用于文本处理方向的第三方库是（　　）。
    A. pdfminer　　　B. TVTK　　　　C. Matplotlib　　　D. mayavi
27. 以下选项中，用于机器学习方向的第三方库是（　　）。
    A. Jieba　　　　B. SnowNLP　　　C. loso　　　　D. TensorFlow
28. 以下选项中，用于 Web 开发方向的第三方库是（　　）。
    A. Panda3D　　　B. cocos2d　　　C. Django　　　D. Pygame
29. 以下选项能改变 turtle 画笔的颜色是（　　）。
    A. turtle.colormode()　　　　　B. turtle.setup()
    C. turtle.pd()　　　　　　　　D. turtle.pencolor()
30. 以下程序的不可能输出结果是（　　）。

```
from random import *
```

```
print(sample({1,2,3,4,5},2))
```

  A. [5,1]  B. [1,2]  C. [4,2]  D. [1,2,3]

31. 以下程序的输出结果是(  )。

```
import time
t =time.gmtime()
print(time.strftime("%Y-%m-%d %H:%M:%S",t))
```

  A. 系统当前的日期    B. 系统当前的时间
  C. 系统出错      D. 系统当前的日期与时间

32. 以下选项中使用 PyInstaller 库对 Python 源文件打包的基本使用方法的是(  )。

  A. pip -h
  B. pip install <拟安装库名>
  C. pip download <拟下载库名>
  D. pyinstaller 需要在命令行运行 :\>pyinstaller <Python 源程序文件名>

33. 以下程序不可能输出的结果是(  )。

```
from random import *
print(round(random(),2))
```

  A. 0.47  B. 0.54  C. 0.27  D. 1.87

34. 以下属于 Python 脚本程序转变为可执行程序的第三方库的是(  )。

  A. Requests  B. Scrapy  C. NumPy  D. PyInstaller

35. 以下属于 Python 中文分词方向第三方库的是(  )。

  A. Pandas  B. BeautifulSoup4  C. python-docx  D. jieba

36. 以下生成词云的 Python 第三方库的是(  )。

  A. Matplotib  B. TVTK  C. mayavi  D. wordcloud

37. 以下程序不可能的输出结果是(  )。

```
from random import *
x =[30,45,50,90]
print(choice(x))
```

  A. 30  B. 45  C. 90  D. 55

◆ 操作题

1. 输入一句话,用 jieba 分词后,将切分的词组按照在原话中的顺序逆序输出到屏幕上,词组中间没有空格。例如,输入"我爱老师",输出"老师爱我"。

```
//考生文件初始代码
import jieba
txt =input("请输入一段中文文本:")
_____
for i in ls[::-1]:
_____
```

2. 以 255 为随机数种子,随机生成 5 个在 1(含)到 50(含)之间的随机整数,每个随机数后跟随一个空格进行分隔,屏幕输出这 5 个随机数。

```
//考生文件初始代码
import random
_____
for i in range(_____):
    print(_____, end=" ")
```

3. 输入一个中文字符串变量 s,内部包含中文逗号和句号。计算字符串 s 中的中文词语数。例如,请输入一个中文字符串,包含标点符号:问君能有几多愁?恰似一江春水向东流;中文词语数为 9。

```
//考生文件初始代码
import _____
s = input("请输入一个中文字符串,包含标点符号:")
m = _____
print("中文词语数:{}".format(_____))
```

4. 使用 calendar 模块,从键盘输入年份,输出,当年的日历。

```
//考生文件初始代码
import calendar
year = _____(input("请输入年份:"))
table = _____(year)
print(table)
```

5. 以 100 为随机数种子,随机生成 3 个在 1(含)到 9(含)之间的随机整数,计算这 3 个随机整数的立方和。

```
//考生文件初始代码
import random
_____  #此处可多行
s = 0 #
_____  #此处可多行
print(s)
```

6. 使用 turtle 库的 turtle.fd()函数和 turtle.seth()函数绘制一个边长为 100 的三角形,效果如图 10-2 所示。

图 10-2 绘制三角形

```
//考生文件初始代码
import turtle
for i in range(_____):
    turtle.seth(_____)
    _____(100)
```

7. 使用 turtle 库的 turtle.fd()函数和 turtle.seth()函数绘制一个正方形,边长为 200 像

素,效果如图 10-3 所示。

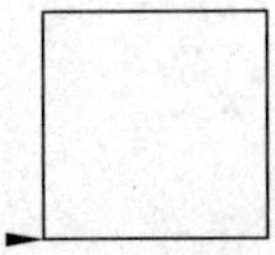

图 10-3　绘制正方形

```
//考生文件初始代码
import turtle
d = 0
for i in range(_____):
    turtle.fd(_____)
    d = _____
    turtle.seth(d)
```

8. 使用 turtle 库的 turtle.fd()函数和 turtle.left()函数绘制一个边长为 200 的太阳花,效果如图 10-4 所示。

图 10-4　绘制太阳花

```
//考生文件初始代码
import turtle
turtle.color(_____,_____)
turtle._____
for i in range(36):
    turtle.fd(_____)
    turtle.left(_____)
turtle.end_fill()
```

9. 使用 turtle 库的 turtle.color()函数和 turtle.circle()函数绘制一个黄底黑边的圆形,半径为 50,效果如图 10-5 所示。

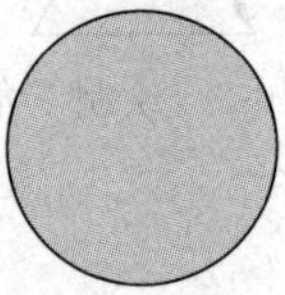

图 10-5　绘制圆形

```
//考生文件初始代码
import turtle
```

```
turtle.color('black','yellow')
turtle._____
turtle.circle(_____)
turtle._____
```

10. 使用 turtle 库的 turtle.circle() 函数和 turtle.seth() 函数绘制一个四瓣花图形，效果如图 10-6 所示。

图 10-6　绘制四瓣花

```
//考生文件初始代码
import turtle
for i in range(_____):
    turtle.seth(_____)
    turtle.circle(50,90)
    turtle.seth(_____)
    turtle.circle(50,90)
turtle._____
```

11. 使用 turtle 库的 fd() 函数和 right() 函数绘制一个边长为 100 像素的正六边形，再用 circle() 函数绘制半径为 60 像素的红色圆内接正六边形，效果如图 10-7 所示。

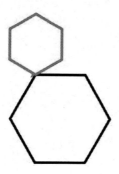

图 10-7　绘制正六边形

```
//考生文件初始代码
from turtle import *
pensize(5)
for i in range(6):
    fd(_____)
    right(_____)
color("red")
circle(60,_____)
```

# 实 战 篇

　　应用实战篇的目的是激发读者的学习兴趣,并了解 Python 在数据分析和人工智能领域的典型应用。应用实战篇主要针对 Python 程序开发语言初学者,采用问题任务形式,利用 PyCharm 项目开发工具,通过 Python 语言和计算生态库,完成实例任务。其特点是:①实例任务比较简单,同时附有代码注释,让读者容易理解和掌握;②省略了结构和其他语法分析,重点放在了程序代码;③采用适宜项目开发的 PyCharm 工具,不是 jupyter notebook;④没有习题和实战任务,减轻读者负担。

# 第 11 章

# 数据可视化

数据可视化是将数据转化为图形和图表,是探索数据和分析数据的重要手段。研究表明,人类大脑接收或理解图片的速度要比文字快 6 万倍。Matplotlib 是一个功能非常强大的第三方绘图库,可以绘制许多图形,包括点、折线图、直方图、饼图、散点图和函数图像等二维或三维图形。本章列举了 Matplotlib 在折现图、函数图像和饼图中的简单应用。

## 11.1 任务实战 1

分析从 2013 年至 2019 年的图书销售数据。将年份作为 X 轴数据,图书销售量作为 Y 轴数据,例如:x=["2013","2014",...,"2019"],y=[580,602,630,710,840,905,1070]。请利用 Python 可视化库 Matplotlib 标出相应的点和变化折线图(附资源包:PythonCode\11-01.py)。

详细代码如下。

```
#目的使用 plot()画点和线
import matplotlib.pyplot as plt
#定义横轴数据
x=["2013","2014","2015","2016","2017","2018","2019"]
#定义纵轴数据
y=[580,602,630,710,840,905,1070]
#函数 plot 画点(x,y),点用 o 标记,点之间用"-"连接
plt.plot(x,y,"o-")
#在画布区域显示图形
plt.show()
```

运行结果如图 11-1 所示。

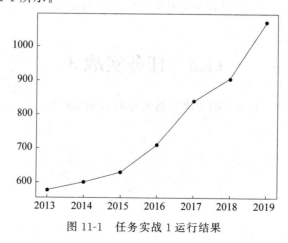

图 11-1 任务实战 1 运行结果

## 11.2　任务实战 2

绘制数学函数正弦曲线 sin(x)，假定 x 从 0 到 $2\pi$（附资源包：PythonCode\11-02.py）。
详细代码如下。

```
import matplotlib.pyplot as plt
import numpy as np

#应用 numpy 库中等差数列函数得到自变量 x 的 100 个点
x = np.linspace(0, 2 * np.pi, 100)
y = np.sin(x)
plt.plot(x, y, color="red", linewidth=2)
#图形添加标题
plt.title("y=sin(x)")
plt.show()
```

运行结果如图 11-2 所示。

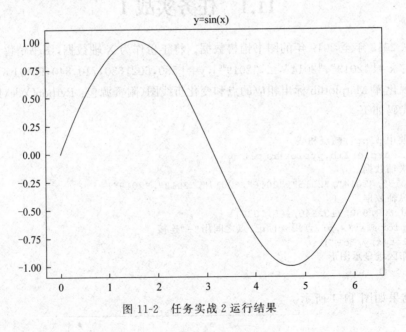

图 11-2　任务实战 2 运行结果

## 11.3　任务实战 3

以下是 TIOBE 2021 年 9 月编程语言指数排行榜前 10 名。
C：11.83%
Python：11.67%
Java：11.12%
C++：7.13%

Visual Basic：4.62%
JavaScript：2.55%
Assembly Language：2.42%
PHP：1.85%
SQL：1.80%
others：45.01%

请你用饼图来直观展示编程语言指数排行榜（附资源包：PythonCode\11-03.py）。详细代码如下。

```
import matplotlib.pyplot as plt
import numpy as np

data=[0.1183,0.1167,0.1112,0.0713,0.0462,0.0255,0.0242,0.0185,0.0180,0.4501]
labels=["C","Python","Java","C++","Visual Basic","JavaScript","Assembly Language","PHP","SQL","others"]
#将第2个数据Python分离出来
explodes=[0,0.1,0,0,0,0,0,0,0,0]
colors=["red","pink","purple","green","blue"]
plt.rcParams['font.sans-serif']=["SimHei"]
plt.pie(x=data,labels=labels,explode=explodes,autopct='%.2f%%',startangle=0)
plt.title("2021年9月编程语言指数排行榜")
plt.show()
```

运行结果如图11-3所示。

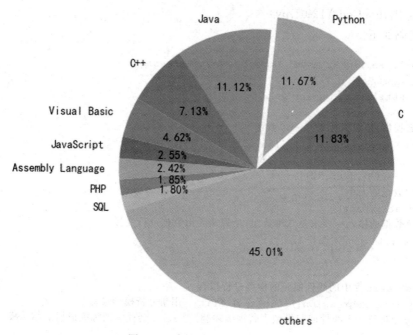

图11-3　任务实战3运行结果

# 第 12 章

# 数据处理与分析

数据分析是指收集、处理数据并获取数据中隐含的信息的过程。通过数据分析，人们可以从杂乱无章的数据中萃取和提炼有价值的信息，发现其内在规律。数据分析的工作流程大约可分为：获取数据—数据处理—数据分析—得出结论—展示结果—预测模型—模型评估。本章从简单问题入手，利用 NumPy、Pandas 和 Matlotlib 第三方库，解决实际问题。NumPy 是一个功能强大和高效的 Python 科学计算扩展库，主要用于处理数值型数据。Pandas 是一种开源的、易于使用的数据结构，是 Python 编程语言的数据分析工具，对数据进行导入、清洗、处理、统计和输出。Pandas 能很好地处理来自各种不同来源的数据，比如 Excel 表格、CSV 文件、SQL 数据库等数据。NumPy、Pandas 和 Matplotlib 常被称为数据处理和分析的"三驾马车"。

## 12.1 任务实战 1（一元线性关系）

根据身高与体重的一组数据，预测身高与体重的关系。假设身高和体重符合线性关系。（附资源包：PythonCode\12-01.py）

详细代码如下。

```python
from sklearn.linear_model import LinearRegression
import numpy as np
import matplotlib.pyplot as plt

#创建数据集,把数据写入 numpy 数组
data =np.array([[152,51],[156,53],[160,54],[164,55],
    [168,57],[172,60],[176,62],[180,65],
    [184,69],[188,72]])
#打印出数组的大小
print(data.shape)
#对训练数据的输入 x 要求是二维数组,所以需要对数据进行变形
x =data[:,0].reshape(-1,1)
y =data[:,1]

#利用 sklearn 库中的线性回归的模型进行拟合
regr =LinearRegression().fit(x,y) #fit() 用来分析模型参数
#在 x,y 上训练一个线性回归模型。若训练顺利,则 regr 会存储训练完成后的结果模型
#regr.score(x,y)
#画出已训练好的线条
```

```
plt.plot(x, regr.predict(x), color='blue')
plt.scatter(x,y,c="red")
#画 x,y 轴的标题
plt.xlabel('height (cm)')
plt.ylabel('weight (kg)')
plt.grid()
plt.show() #展示
#利用训练好的模型输入身高去预测体重
height = int(input("请输入测试身高:"))
print ("预测身高是%d cm 的体重为%.2f kg"%(height, regr.predict([[height]])))
```

运行结果如图 12-1 所示。

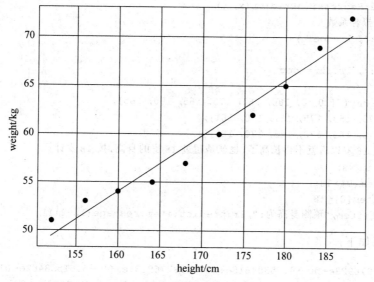

图 12-1　一元线性关系运行结果

## 12.2　任务实战 2(多元线性关系)

儿童的身高除了随年龄变大而增长外,在一定程度上还受到遗传和饮食以及其他因素的影响,本文代码中假定受年龄、性别、父母身高、祖父母身高和外祖父母身高共同影响,并假定大致符合线性关系。(附资源包：PythonCode\12-02.py)

详细代码如下。

```
import numpy as np
from sklearn import linear_model
def linearRegressionPredict(x,y):
    lr = linear_model.LinearRegression()
    lr.fit(x, y)
    return lr
#儿童年龄,性别(0女1男),父亲身高,母亲身高,祖父身高,祖母身高,外祖父身高,外祖母身高
x =np.array([[1, 0, 180, 165, 175, 165, 170, 165],
[3, 0, 180, 165, 175, 165, 173, 165],
```

```
           [4, 0, 180, 165, 175, 165, 170, 165],
           [6, 0, 180, 165, 175, 165, 170, 165],
           [8, 1, 180, 165, 175, 167, 170, 165],
           [10, 0, 180, 166, 175, 165, 170, 165],
           [11, 0, 180, 165, 175, 165, 170, 165],
           [12, 0, 180, 165, 175, 165, 170, 165],
           [13, 1, 180, 165, 175, 165, 170, 165],
           [14, 0, 180, 165, 175, 165, 170, 165],
           [17, 0, 170, 165, 175, 165, 170, 165]])
#儿童身高,单位:cm
y =np.array([60, 90, 100, 110,130, 140, 150, 164,160, 163, 168])
#根据已知数据拟合最佳直线的系数和截距
lr =linearRegressionPredict(x, y)
#查看最佳拟合系数
print('k:', lr.coef_)
#截距
print('b:', lr.intercept_)
#预测
xs =np.array([[10, 0, 180, 165, 175, 165, 170, 165],
           [17, 1, 173, 153, 175, 161, 170, 161],
           [34, 0, 170, 165, 170, 165, 170, 165]])
#假设超过18岁以后就不再长高了,也就是超过18岁的身高,按18岁计算
for item in xs:
    if item[0]>18:
        item[0]=18
    print(item,"预测身高为:",lr.predict(item.reshape(1,-1)))
```

运行结果如下。

```
k: [ 8.03076923e+00 -4.65384615e+00  2.87769231e+00 -5.61538462e-01
  2.22044605e-16  5.07692308e+00  1.88461538e+00  0.00000000e+00]
b: -1523.1538461538462
[ 10   0 180 165 175 165 170 165] 预测身高为: [140.56153846]
[ 17   1 173 153 175 161 170 161] 预测身高为: [158.41]
[ 18   0 170 165 170 165 170 165] 预测身高为: [176.03076923]
```

# 附录 1

# 全国计算机等级考试二级 Python 语言程序设计考试大纲(2023 年版)

- **基本要求**

(1) 掌握 Python 语言的基本语法规则。
(2) 掌握不少于 3 个基本的 Python 标准库。
(3) 掌握不少于 3 个 Python 第三方库,掌握获取并安装第三方库的方法。
(4) 能够阅读和分析 Python 程序。
(5) 熟练使用 IDLE 开发环境,能够将脚本程序转变为可执行程序。
(6) 了解 Python 计算生态在以下方面(不限于)的主要第三方库名称:网络爬虫、数据分析、数据可视化、机器学习、Web 开发等。

- **考试内容**

**一、Python 语言基本语法元素**

(1) 程序的基本语法元素:程序的格式框架、缩进、注释、变量、命名、保留字、连接符、数据类型、赋值语句、引用。
(2) 基本输入/输出函数:input()、eval()、print()。
(3) 源程序的书写风格。
(4) Python 语言的特点。

**二、基本数据类型**

(1) 数字类型:整数类型、浮点数类型和复数类型。
(2) 数字类型的运算:数值运算操作符、数值运算函数。
(3) 真、假、无:True、False、None。
(4) 字符串类型及格式化:索引、切片、基本的 format() 格式化方法。
(5) 字符串类型的操作:字符串操作符、操作函数和操作方法。
(6) 类型判断和类型间转换。
(7) 逻辑运算和比较运算。

**三、程序的控制结构**

(1) 程序的三种控制结构。

(2) 程序的分支结构：单分支结构、二分支结构、多分支结构。
(3) 程序的循环结构：遍历循环、条件循环。
(4) 程序的循环控制：break 和 continue。
(5) 程序的异常处理：try...except 及异常处理类型。

### 四、函数和代码复用
(1) 函数的定义和使用。
(2) 函数的参数传递：可选参数传递、参数名称传递、函数的返回值。
(3) 变量的作用域：局部变量和全局变量。
(4) 函数递归的定义和使用。

### 五、组合数据类型
(1) 组合数据类型的基本概念。
(2) 列表类型：创建、索引、切片。
(3) 列表类型的操作：操作符、操作函数和操作方法。
(4) 集合类型：创建。
(5) 集合类型的操作：操作符、操作函数和操作方法。
(6) 字典类型：创建、索引。
(7) 字典类型的操作：操作符、操作函数和操作方法。

### 六、文件和数据格式化
(1) 文件的使用：文件打开、读/写和关闭。
(2) 数据组织的维度：一维数据和二维数据。
(3) 一维数据的处理：表示、存储和处理。
(4) 二维数据的处理：表示、存储和处理。
(5) 采用 CSV 格式对一维、二维数据文件的读/写。

### 七、Python 程序设计方法
(1) 过程式编程方法。
(2) 函数式编程方法。
(3) 生态式编程方法。
(4) 递归计算方法。

### 八、Python 计算生态
(1) 标准库的使用：turtle 库、random 库、time 库。
(2) 基本的 Python 内置函数。
(3) 利用 pip 工具的第三方库安装方法。
(4) 第三方库的使用：jieba 库、PyInstaller 库、基本 NumPy 库。
(5) 更广泛的 Python 计算生态，只要求了解第三方库的名称，不限于以下领域：网络爬虫、数据分析、文本处理、数据可视化、用户图形界面、机器学习、Web 开发、游戏开发等。

- **考试方式**

上机考试，考试时长 120 分钟，满分 100 分。

## 附录 1　全国计算机等级考试二级 Python 语言程序设计考试大纲(2023 年版)

(1) 题型及分值

单项选择题 40 分(含公共基础知识部分[①] 10 分)。

操作题 60 分(包括基本编程题和综合编程题)。

(2) 考试环境

Windows 7 操作系统,建议 Python 3.5.3 至 Python 3.9.10 版本,IDLE 开发环境。

---

[①]　公共基础知识部分内容详见高等教育出版社出版的《全国计算机等级考试二级教程——公共基础知识》。

# 附录 2

# 计算机等级考试试题参考答案

## 第 3 章　基本语法与基本数据类型

单选题：1~5 DBBBC　6~10 BADDC　11~15 CACDD　16~20 DCDAA　21~25 DBCCB　26~30 AAACB　31~35 DABBD　36~40 ADDBD　41~45 CCBCC　46~50 BCDDD　51~55 DDADD　56~60 DDDDD

## 第 4 章　程序控制结构

单选题：1~5 DDBCC　6~10 CBDAB　11~15 BBBDD　16~20 DDDDA　21~26 CCDDDD

操作题：

1. 
```
a, b = 0, 1
while a <= 50:
    print(a, end=',')
    a, b = b, a+b
```

2. 
```
while True:
    s = input("请输入信息:")
    if s == "y" or s == "Y":
        break
```

3. 
```
a = []
for i in range(8):
    a.append([])
    for j in range(8):
        a[i].append(0)
for i in range(8):
    a[i][0] = 1
    a[i][i] = 1
for i in range(2,8):
    for j in range(1,i):
        a[i][j] = a[i-1][j-1] + a[i-1][j]
for i in range(8):
    for j in range(i+1):
        print("{:3d}".format(a[i][j]), end=" ")
    print()
```

```
4. for i in range(0,4):
       for y in range(0,4-i):
           print(" ",end="")
       print('*' * i)
   for i in range(0,4):
       for x in range(0,i):
           print(" ", end="")
       print('*' * (4-i))
```

## 第 5 章　字符串与正则表达式

单选题：1～5 CADDD　6～10 DBACB　11～15 DDDDD　16～21 DDDCAC

操作题：

1. ```
   s = input("请输入一个字符串:")
   print("{:*^30}".format(s))
   ```

2. ```
   n = eval(input("请输入正整数:"))
   print("{0:@>30,}".format(n))
   ```

3. ```
   s = input("请输入一个十进制数:")
   num = int(s)
   print("转换成二进制数是:{:b}".format(num))
   ```

4. ```
   s = input("请输入绕口令:")
   print(s.replace("兵","将"))
   ```

5. ```
   n = input('请输入一个正整数:')
   for i in range(1,eval(n)+1):
       print('{:0>2} {}'.format(i, '>' * i))
   ```

6. ```
   ns = input("请输入一串数据:")
   dnum,dchr = 0,0
   for i in ns:
       if i.isnumeric():
           dnum += 1
       elif i.isalpha():
           dchr += 1
       else:
           pass
   print('数字个数:{},字母个数:{}'.format(dnum,dchr))
   ```

7. ```
   n = eval(input("请输入正整数:"))
   print("{:=^14}".format(n))
   ```

## 第 6 章　组合数据类型

单选题：1～5 BBDDB　6～10 DDABA　11～15 DCADD　16～20 AAABB　21～25 DDDDD　26～30 DDDDD　31～35 DDDDD　36～38 DDD

操作题：

1. a = [11, 3, 8]
   ```

```
   b = eval(input())
   s = 0
   for i in range(3):
       s += a[i] * b[i]
   print(s)
```

2. 
```
   s = eval(input("请输入一个数字:"))
   ls = [0]
   for i in range(65, 91):
       ls.append(chr(i))
   print("输出大写字母:{}".format(ls[s]))
```

3. 
```
   lis = [2,8,3,6,5,3,8]
   new_lis = list(set(lis))
   print(new_lis)
```

4. 
```
   fruit = input('输入水果:')
   lis = ['苹果','哈密瓜','橘子','猕猴桃','杨梅','西瓜']
   if fruit in lis:
       print(fruit + '在列表 lis 中')
   else:
       print(fruit + '不在列表 lis 中')
```

5. 
```
   std = [['张三',90,87,95],['李四',83,80,87],['王五',73,57,55]]
   modl = "亲爱的{}, 你的考试成绩是：英语{}, 数学{}, Python语言{}, 总成绩{}.特此通知."
   for st in std:
       cnt = 0
       for i in range(1,4):
           cnt += st[i]
       print(modl.format(st[0],st[1],st[2],st[3],cnt))
```

6. 
```
   a = [3,6,9]
   b = eval(input())  #例如:[1,2,3]
   j = 1
   for i in range(len(a)):
       b.insert(j,a[i])
       j += 2
   print(b)
```

## 第 7 章　函数与代码复用

单选题：1～5 CABDC　6～10 DCDDC　11～15 BDDDB　16～20 DDDDD　21～25 DDDDA　26、27 BB

操作题：

1. 
```
   def str_change(str):
       return str[::-1]
   str = input("输入字符串:")
   print(str_change(str))
```

2. 
```
   def proc(strings):
       m = 0
```

```
        lst =[]
        for i in range(len(strings)):
            if len(strings[i]) >m:
                m =len(strings[i])
        for i in range(len(strings)):
            if len(strings[i]) ==m:
                lst.append(strings[i])
        return lst
    strings =['cad' ,'VB', 'Python', 'MATLAB', 'hello', 'world']
    result =proc(strings)
    print("the longest words are:")
    for item in result:
        print("{: >25}".format(item))
```

3. 
```
    def judge_year(year):
        if (year%4 ==0 and year%100 !=0) or year %400 ==0 :
            print(year,"年是闰年")
        else:
            print(year,"年不是闰年")
    year =eval(input("请输入年份:"))
    judge_year(year)
```

# 第8章 文件操作与异常处理

单选题：1~5 CBCDB  6~10 DACBC  11~15 BDDAD  16~20 ABCBC  21~25 DDDDD  26~28 DDD

操作题：

1. 
```
    f =open("poem.txt","r")
    result =[]
    for line in f.readlines():
        line =line.strip()
        if len(line) !=0 and line[0] !="#":
            result.append(line)
    result.sort()
    for line in result:
        print(line)
    f.close()
```

2. 
```
    fo =open("PY202.txt","w")
    txt =input("请输入类型序列: ")
    fruits =txt.split(" ")
    d ={}
    for fruit in fruits:
        d[fruit] =d.get(fruit,0) +1
    ls =list(d.items())
    ls.sort(key=lambda x:x[1], reverse=True)        #按照数量排序
    for k in ls:
        fo.write("{}:{}\n".format(k[0], k[1]))
    fo.close()
```

3. //参考答案 PY301-1
```
fi = open("论语.txt", "r")
fo = open("论语-原文.txt", "w")
flag = False
for line in fi:
    if "【" in line:
        flag = False
    if "【原文】" in line:
        flag = True
        continue
    if flag == True:
        fo.write(line.strip())
fi.close()
fo.close()
```
//参考答案 PY301-2
```
fi = open("论语-原文.txt", 'r')
fo = open("论语-提纯原文.txt", 'w')
for line in fi:
    for i in range(1,23):
        line = line.replace("({})".format(i),"")
    fo.write(line)
fi.close()
fo.close()
```

4.
```
fo = open("PY202.txt","w")
data = input("请输入课程名及对应的成绩:")            #课程名 考分
score_dict = {}
while data:
    course, score = data.split(' ')
    score_dict[course] = eval(score)
    data = input("请输入课程名及对应的成绩:")
course_list = sorted(list(score_dict.values()))
max_score, min_score = course_list[-1], course_list[0]
aver_score = sum(course_list) / len(course_list)
max_course, min_course = '', ''
for item in score_dict.items():
    if item[1] == max_score:
        max_course = item[0]
    if item[1] == min_score:
        min_course = item[0]
fo.write("最高分课程是{} {}, 最低分课程是{} {}, 平均分是{:.2f}".format(
max_course, max_score, min_course, min_score, aver_score))
fo.close()
```

5.
```
fo = open("PY202.txt","w")
def prime(num):
    for i in range(2,num):
        if num%i == 0:
            return False
    return True
```

```
   ls = [51,33,54,56,67,88,431,111,141,72,45,2,78,13,15,5,69]
   lis = []
   for i in ls:
       if prime(i) == False:
           lis.append(i)
   fo.write(">>>{},列表长度为{}".format(lis,len(lis)))
   fo.close()
```

6. 
```
   import math
   try:
       a = eval(input('请输入底数:'))
       b = eval(input('请输入真数:'))
       c = math.log(b, a)
   except ValueError:
       if a <= 0 and b > 0:
           print('底数小于等于0')
       elif b <= 0 and a > 0:
           print('真数小于等于0')
       elif a <= 0 and b <= 0:
           print('真数和底数都小于等于0')
   except ZeroDivisionError:
       print('底数不能为1')
   except NameError:
       print('输入必须为实数')
   else:
       print(c)
```

7. 
```
   fi = open("score.csv","r")
   fo = open("avg-score.txt","w")
   ls = []
   x = []
   sum = 0
   for row in fi:
       ls.append(row.strip("\n").split(","))
   for line in ls[1:]:
       for i in line[1:]:
           sum = int(i) + sum
           avg = sum/3
       x.append(avg)
       sum = 0
   fo.write("语文:{:.2f}\n数学:{:.2f}\n英语:{:.2f}\n物理:{:.2f}\n科学:{:.2f}".
   format(x[0],x[1],x[2],x[3],x[4]))
   fi.close()
   fo.close()
```

8. 
```
   import random
   letter_list = ['a', 'b', 'c', 'd', 'e', 'f','g',
   'h', 'i', 'j', 'k', 'l','m', 'n',
   'o', 'p', 'q', 'r', 's', 't',
   'u', 'v', 'w', 'x', 'y', 'z']
   letter = letter_list[random.randint(0, 25)]
```

```python
        count = 0
        while True:
            letter_input = input('请输入 26 个小写英文字母中的任一个:')
            count += 1
            if letter_input not in letter_list:
                print('请重新输入字母')
            else:
                if count > 5:
                    print('猜测超过 5 次,答题失败')
                    break
                else:
                    if letter_input == letter:
                        print('恭喜你答对了,总共猜了{}次'.format(count))
                        break
                    elif letter_input > letter:
                        print('你输入的字母排在该字母之后')
                    elif letter_input < letter:
                        print('你输入的字母排在该字母之前')
                    else:
                        print('未知错误')
```

9. //参考答案 PY301-1.py
```python
    fi = open("data.txt", "r")                                        #此处可多行
    f = open("univ.txt", "w")
    L = []                                                            #此处可多行
    lines = fi.readlines()
    for line in lines:
        if 'alt=' in line:
            begin = line.find('alt=')
            end = line.find('"', begin + 5)
            L.append(line[begin + 5:end])
    for i in L:
        f.write(i + '\n')
    fi.close()
    f.close()

    //参考答案 PY301-2.py
    f = open("univ.txt", "r")
    n = 0                                                             #包含大学的名称数量
    m = 0                                                             #此处可多行
    L = []
    lines = f.readlines()
    for line in lines:
        line = line.strip('\n')
        if "学院" in line and '大学' in line and '大学生' not in line:
            L.append(line)
            if line[-2:] == "学院":
                m += 1
            else:
                n += 1
            continue
```

```
        if "学院" in line:
            L.append(line)
            m += 1
        if "大学" in line and "大学生" not in line:
            L.append(line)
            n += 1
    for i in L:
        print(i)
    f.close()
    print("包含大学的名称数量是{}".format(n))
    print("包含学院的名称数量是{}".format(m))
```

## 第 10 章　标准库与第三方库

单选题：1～5 BACDA　6～10 CDDCA　11～15 BDCBC　16～20 DDDCA　21～25 DCBDA　26～30 ADCDD　31～35 DDDDD　36、37 DD

操作题：

1. 
```
import jieba
txt = input("请输入一段中文文本:")
ls = jieba.lcut(txt)
for i in ls[::-1]:
    print(i, end="")
```

2. 
```
import random
random.seed(255)
for i in range(5):
    print(random.randint(1, 50), end=" ")
```

3. 
```
import jieba
s = input("请输入一个中文字符串,包含标点符号:")
m = jieba.lcut(s)
print("中文词语数:{}".format(len(m)))
```

4. 
```
import calendar
year = int(input("请输入年份:"))          #eval 也可以
table = calendar.calendar(year)
print(table)
```

5. 
```
import random
random.seed(100)                          #此处可多行
s = 0
for i in range(3):
    n = random.randint(1,9)               #此处可多行
    s += n**3
print(s)
```

6. 
```
import turtle
for i in range(3):
    turtle.seth(i * 120)
    turtle.fd(100)
```

7. ```
   import turtle
   d = 0
   for i in range(4):
       turtle.fd(200)
       d = d + 90                              # d=(i+1)*90
       turtle.seth(d)
   ```

8. ```
   import turtle
   turtle.color("red","yellow")
   turtle.begin_fill()
   for i in range(36):
       turtle.fd(200)
       turtle.left(170)
   turtle.end_fill()
   ```

9. ```
   import turtle
   turtle.color('black','yellow')
   turtle.begin_fill()
   turtle.circle(50)
   turtle.end_fill()
   ```

10. ```
    import turtle
    for i in range(4):
        turtle.seth(90*(i+1))
        turtle.circle(50,90)
        turtle.seth(-90+i*90)
        turtle.circle(50,90)
    turtle.hideturtle()
    ```

11. ```
    from turtle import *
    pensize(5)
    for i in range(6):
        fd(100)
        right(60)
    color("red")
    circle(60,steps=6)
    ```
    ```

# 参 考 文 献

[1] 张坤,张应博.Python编程项目案例实战[M].北京:清华大学出版社,2021.
[2] 嵩天.全国计算机等级考试二级教程——Python语言程序设计[M].北京:高等教育出版社,2019.
[3] 于澄,化雪荟,沈大旺.Python基础与实战[M].西安:西北工业大学出版社,2020.
[4] Chun,W.J.Python核心编程[M].宋吉广,译.2版.北京:人民邮电出版社,2008.
[5] John Zelle.Python程序设计[M].王海鹏,译.3版.北京:人民邮电出版社,2018.
[6] 王国辉,李磊,冯春龙.Python从入门到项目实战[M].长春:吉林大学出版社,2018.
[7] 吕云翔,李伊琳,等.Python数据分析实战[M].北京:清华大学出版社,2019.
[8] 郑凯梅.Python程序设计任务驱动式教程[M].北京:清华大学出版社,2018.
[9] 陈承欢,汤梦姣.Python程序设计任务驱动式教程[M].北京:人民邮电出版社,2021.
[10] 余本国.Python编程与数据分析应用[M].北京:人民邮电出版社,2020.

参考文献

[1] 嵩天. 礼欣. 黄天羽. Python语言程序设计基础. 北京: 高等教育出版社, 2017.
[2] 刘卫国. 董老师讲Python. 北京: 电子工业出版社, 2016.
[3] 刘浪. 郭江涛. 冯向科. Python程序设计基础教程. 北京: 人民邮电出版社, 2017.
[4] Zhuo W, Li Wilson Z, 卢家兴, 等. Python核心编程. 北京: 人民邮电出版社, 2008.
[5] John Zelle, Python 程序设计(第2版). 北京: 清华大学出版社, 2014.
[6] 王强编. 深入浅出Python 机器学习. 北京: 清华大学出版社, 2018.
[7] 江红, 余青松. Python程序设计教程. 北京: 北京交通大学出版社, 2014.
[8] 唐永松, 编. Python项目案例开发从入门到实战. 北京: 清华大学出版社, 2017.
[9] 嵩天. 礼欣. 黄天羽. Python语言程序设计. 北京: 高等教育出版社, 2017.
[10] 夏敏捷. Python程序设计应用教程. 北京: 中国铁道出版社, 2017.